U0612620

乡村振兴实用技术培训教材

牛羊健康养殖与疾病防治

雍康 彭津津 ◎ 主编

中国农业出版社
北京

编者名单

主　编： 雍　康　彭津津

副主编： 崔耀成　张　涛　陈亚强　王世坤

参　编（以姓氏笔画为序）：

尹艳玲　刘　月　李运宁　杨庆稳

吴小玲　岳成鹤　周乾兰　秦　柔

郭云霞　彭　娟　葛万军　喻维维

前言

牛羊生产是畜牧业的重要组成部分，牛羊肉是百姓“菜篮子”的重要品种。发展肉牛和肉羊生产，对于增强牛羊肉供给保障能力、巩固脱贫攻坚成果、全面推进乡村振兴、促进经济社会稳定发展具有十分重要的意义。近年来，我国牛羊生产总体保持增长态势，规模化比重不断提高，生产水平逐步提升。但由于肉牛和肉羊产业基础差、生产周期长、养殖方式落后，生产发展不能满足消费快速增长的需要，牛羊肉供给面临一定压力。为促进肉牛和肉羊生产高质高效发展，增强牛羊肉供给保障能力，我们组织长期扎根一线的专家编写了这本《牛羊健康养殖与疾病防治》。本书第一章至第六章主要讲述牛羊的饲养管理技术，第七至十七章主要讲述牛羊常见疾病的诊断及治疗。

相比于国内其他培训教材，本书主要有以下特色：

1. 图文并茂，可读性强。本书精选了来自国内外最新文献和教师临床实践中积累的400多幅彩色图片，能生动、形象地展示疾病的典型临床症状和病理变化。

2. 紧贴生产实践，操作性和实用性强。编写人员多是企业内具有10年以上实践经验的一线专家，所编写的内容都是企业目前正在使用的新流程和新方法。除此之外，本书的编写也吸纳了重庆市自然科学基金面上项目“基于肠-肝轴探究当归补血汤对围产期奶牛脂质代谢的作用机制（CSTB2022NSCQ－MSX1602）”和重庆市教委重大项目“基于‘肠-肺’轴和中药入血组探究‘肺炎康’对肉牛急性肺炎的作用机制（KJZD－M202303501）”研究项目的部分研究成果，以飨读者。

由于编写时间有限，书中定有不够完善之处，欢迎读者朋友予以批评指正。

编　者

2024年9月

目录

第一部分

饲养管理

第一章

牛羊场建设与设施设备

牛羊场规划建设的目的是为动物创造一个符合其生理和行为需求的生活、生产环境条件，以充分发挥动物的生产性能，控制废弃物对环境的污染，用相对较少的投入，获得相对较多的优质畜产品和较大的经济效益。环境控制与养殖生产密切相关，恶劣的舍内环境可使牛羊生产性能下降，饲养成本增加，还会诱发多种疾病，甚至造成牛羊死亡。掌握牛羊舍环境控制方法，可有效缓解由于环境因素造成的饲养成本高、疾病防控弱等问题。

一、场址要求与建场条件

（一）场址要求

（1）场址不应位于中华人民共和国主席令2005年第45号规定的禁止区域，并符合相关法律法规及土地利用规划。

（2）具有动物防疫条件合格证（图1-1）。

（3）在县级人民政府畜牧兽医行政主管部门备案，取得畜禽养殖代码证（图1-2）。

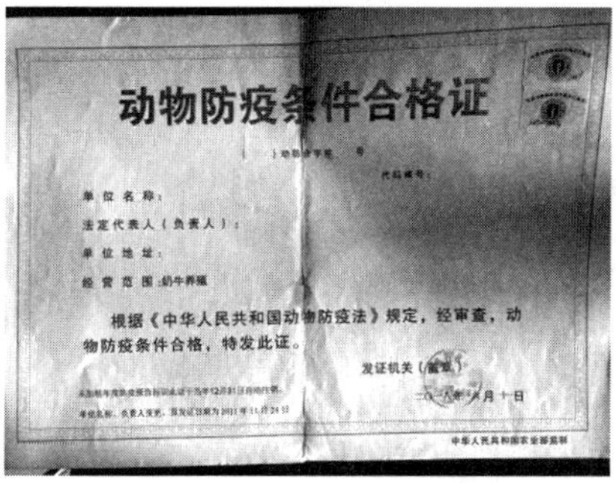

图1-1　动物防疫条件合格证

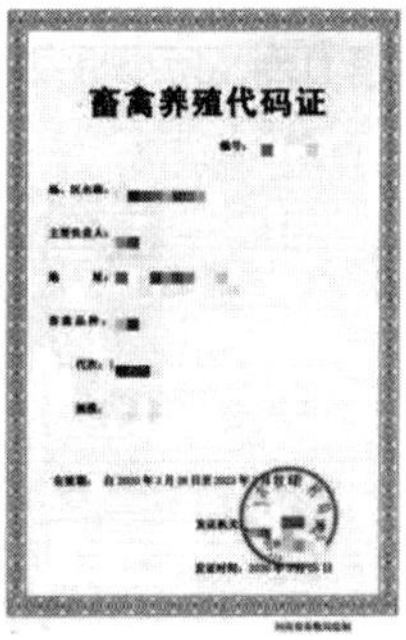

图1-2　畜禽养殖代码证

（二）建场条件

（1）应符合当地畜禽养殖用地利用规划、村镇建设规划和国家环保相关法律法规。不得占用基本农田，尽量利用荒地和劣地建场。

（2）牛羊耐寒不耐热，养殖场宜选在地势高燥、平坦开阔、向阳通风和排水良好的地方（图 1-3），坡度宜小于 25°，场地宽阔，有足够的面积。场地面积主要考虑牛羊舍、运动场、员工生活及其他附属建筑面积，可按建筑物占全场面积的 15%～25%来计算。年出栏肉牛 50 头以上，牛舍面积可按照每头育肥牛不低于 $5m^2$、能繁母牛不低于 $6m^2$、其他附属建筑面积每头 $2\sim3m^2$ 计算。年出栏商品肉羊 100 只及以上，羊舍面积可参考每只公羊 $4\sim6m^2$、母羊 $1\sim2m^2$、育肥羊 $0.6\sim0.8m^2$ 计算，种羊舍应配套运动场，运动场面积为羊舍面积的 2～4 倍。

图 1-3　平坦开阔的羊场（张家口兰海牧业养殖有限公司）

（3）1km 半径内无大型化工厂、采矿厂、皮革厂、垃圾处理场、屠宰场、畜禽及其产品交易市场，地质稳固，避开地质灾害危险区域。距离生活饮用水源地、主要交通干线、城镇、居民区、公共场所及其他养殖场 500m 以上，且应建在居民区的下风方向、低地势处。一般不能选择废弃畜牧场作为新建牛羊场的场地。

（4）场地土质透气、透水性强，吸湿性好，易干燥，抗压性强，有利于牛羊场的干净卫生，防止蹄病及其他疫病的发生。以沙壤土为宜（图 1-4）。

图 1-4　沙壤土

（5）水源充足且稳定、取用方便、便于防护，能满足生产和生活用水。一般采用地面水（图1－5）或地下水，要求水质良好、不含毒物，应采用净水设备（图1－6）或使用氯化消毒剂（如漂白粉）消毒后再使用，水质要求达到《无公害食品　畜禽饮用水水质》（NY 5027—2008）的最新标准。也可直接使用自来水作为水源。

图1－5　水源（地面水）

图1－6　场内净水设备

（6）电力充足且稳定。通常，建设牛羊场要求有Ⅱ级供电电源。若当地供电条件保证不了二级负荷供电要求时，则需自备发电机。

（7）交通便利（图1－7），周围饲草、饲料资源充足（图1－8），放牧条件好，可降低运费成本，且具有处理粪污的设施或消纳吸收的土地。

图1－7　便于运输的牛场道路

图1－8　丰富的牧草资源

二、场区布局

（一）整体布局

场区布局要从人畜卫生防疫和工作方便的角度考虑，根据场地地势和当地全年主风向，按图1－9所示的规划图安排各区（生活区、管理区、生产区和隔离区）。生活区包括宿舍和食堂等，应设计在全场上风向和地势最高处；管理区包括饲草饲料库、饲料加工间、仓库、办公室等；生产区主要是各类牛羊舍，隔离区包括兽医室、无害化处理设施等，隔离区应设在下风口以及地势最低处。

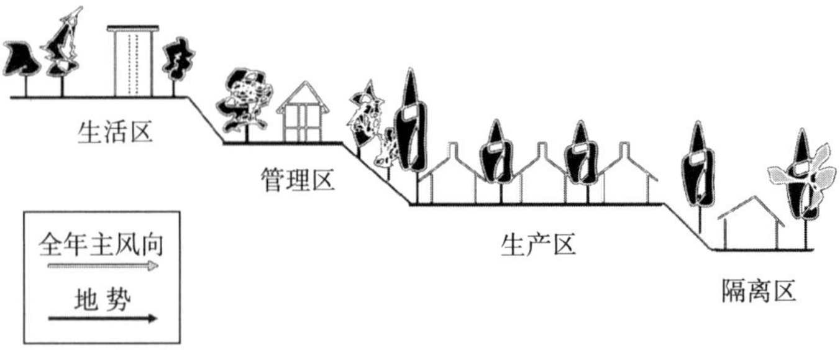

图 1-9　按地势、风向的分区规划图

各功能区应界线分明（图 1-10），设置墙或隔离屏障以及防疫消毒设施。还应在满足当前生产需求的同时，综合考虑将来扩建和改造的可能性。

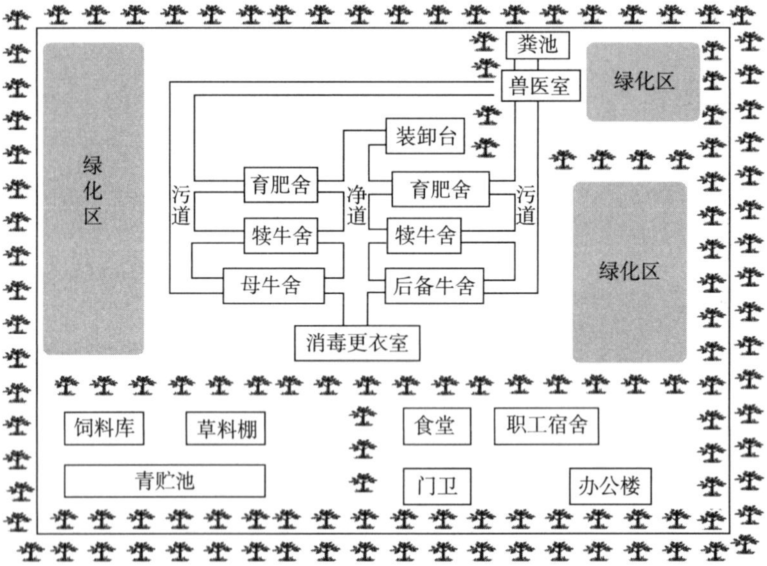

图 1-10　肉牛场总平面示意

此外还需注意，与场外运输、物品交流较为频繁的有关设施必须布置在靠近场外道路的地方。装卸台应设置在靠近生产畜产品的牛羊舍（如育肥舍）附近，其入口与牛羊舍相通，出口与生产区外相通。饲料库、饲料加工间布置在生产区入口处，分设对外接收饲料和对内取料的出入口。此外，青贮、干草、块根块茎多汁饲料及垫草等大宗物料的贮存场地按照贮用合一的原则也应布置在生产区内靠近牛羊舍的边缘地带。粪污处理场与每栋牛羊舍发生密切联系，应尽量使其至各栋牛羊舍的线路距离最短。

（二）牛羊舍布局

牛羊舍通常应设计为横向成排、纵向成列，避免横向狭长或竖向狭长的布局。一般来说，4 栋以内宜呈单列布局（图 1－11），超过 4 栋时呈双列式布局（图 1－12），双列式净道居中，污道在畜禽舍两边。各舍之间宜保持不低于 5m 的安全距离。

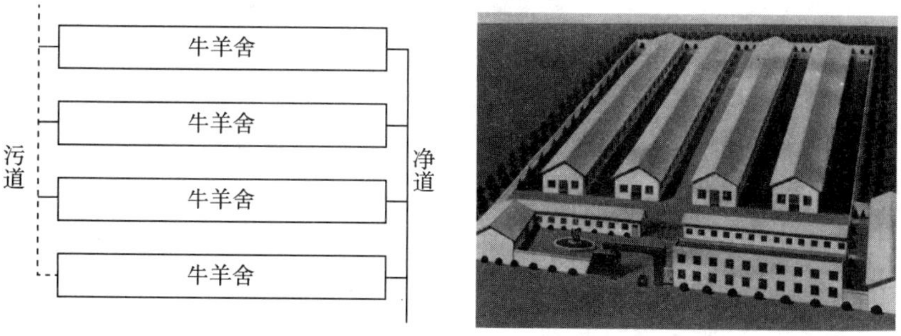

图 1－11　单列式布局

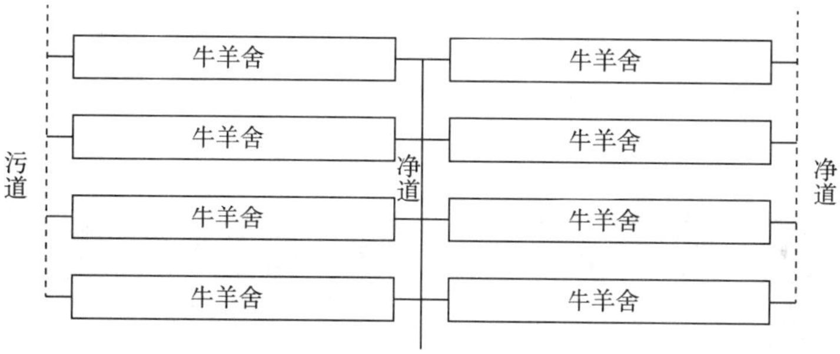

图 1－12　双列式布局

此外，为保证采光和通风换气，牛羊舍朝向均以南向或偏东、偏西 45°以内为宜。重庆地区最佳朝向为南、南偏东 10°，适宜朝向为南偏东 15°、南偏西 5°、北，不宜朝向为东、西。相邻牛羊舍间距在 3～5H（H 为牛羊舍檐口高度）时，可基本满足日照、通风、排污、防疫、防火等要求。

（三）其他要求

（1）场内道路硬化，最好分别设置净道和污道，不能交叉。净道用于人员出入、出栏牛羊等畜产品以及运输饲料（图 1－13），可按路面宽度 3～4.5m 考虑；污道用于运输粪污、病死牛羊，可按路面宽度 3.0m 考虑。

（2）场区外围墙、场区内外道路两旁以及各功能区分界处，一般种 1～2 行绿化用树（图 1－14），常用树冠整齐的乔木或亚乔木（如槐树、杏树、唐槭等）。

注意：在靠近牛羊舍的采光地段，不应种植枝叶过密、过于高大的树种。

图 1－13 场内净道

图 1－14 道路两旁进行绿化

三、牛羊舍建筑与设施设备

（一）建筑形式

我国地域辽阔，南北、东西气候相差较大。黑龙江、吉林、辽宁、内蒙古、青海等地牛羊舍的设计以防寒为主，可选用封闭舍（图 1－15）、开放舍（图 1－16）或半开放舍，长江以南以防暑为主，可选用棚舍（图 1－17）、开放舍或半开放舍。

图 1－15 封闭舍

图 1－16 开放舍

图 1－17 棚舍

塑料暖棚牛羊舍属于开放舍和半开放舍的一种，是近年来北方寒冷地区采用的一种较保温的牛羊舍。冬季将半开放舍或开放舍用塑料薄膜封闭敞开的部分，利用太阳能和牛体散发的热量，使舍温升高。同时，塑料薄膜也避免了热量散失。塑料薄膜建议选择聚乙烯塑膜，其厚度以80～100μm为宜。需要注意的是，暖棚要设置换气孔或换气窗，以排出潮湿空气及有害气体，维持舍内适宜温湿度。一般进气孔设置在南墙1/2的下部，排气孔设置在1/2的上部或者棚面上，每天应通风换气2次，每次10～20min。另外，棚舍也可加设卷帘以代替墙壁起到保温作用，但应根据温度变化调节卷帘打开程度。

（二）建筑结构及要求

1. 地基与墙体 地基深80～100cm。墙体可采用砖混结构（图1-18）或钢架结构，砖墙厚24cm，也可采用双层金属板中间夹聚苯板或岩棉等保温材料的复合板块作为墙体，效果较好。

图1-18 砖混结构墙体

2. 屋顶 常采用双坡式屋顶。屋顶材料可采用水泥机制瓦或轻便保温的材料，如双层金属板中间夹聚苯板（图1-19）或岩棉等保温材料的复合板块。双坡式牛舍脊高4.0～5.0m，前后檐高3.0～3.5m；传统型高床羊舍屋顶和屋檐距地面高度分别不低于3.5m、3m；发酵池型高床羊舍屋顶和屋檐距地面高度分别不低于6m、5m；机械清粪型高床羊舍屋顶和屋檐距地面高度分别不低于4m、3.5m。

图1-19 双层金属板中间夹聚苯板的屋顶

3. 顶棚 顶棚应采用导热性差的隔热保温材料，可用彩钢加隔热板、树脂瓦、纤维板吊顶、苇箔抹灰吊顶、玻璃钢吊顶、矿棉吸声板吊顶等。

4. 门窗 一般单扇门宽1.0～1.5m，双扇门宽2.0～2.5m，门高一般为2.1～2.4m。门的材料可选择木门或铁门，木门可酌情在门扇下部两面包1.2～1.5m高的铁皮，门一般设在两端墙。窗户宜采用铝制玻璃，多采用外开平开窗，并安装纱窗。南方地区窗户的面积一般较大，窗台离地面0.9～1.1m。

5. 地面 牛舍地面材料用砖或混凝土等材料。羊舍常用素土夯实地面、三合土地面、砖地面、漏缝地板等。炎热潮湿地区的羊舍多采用漏缝地板，漏缝地板可用木条、竹子或水泥预制（图1-20）。

图1-20 水泥漏缝地板

（三）内部设施

1. 畜床 拴系式育肥牛舍，宜采用长1.8～2.0m，宽1.0～1.2m，前高后低，坡度为1.5%～3.0%的牛床。传统型羊舍，羊床离地面高度不低于1.5m，接粪面坡度不低于30°；发酵池型羊舍，羊床离地面高度不低于2.2m；机械清粪型羊舍，羊床离地面高度不低于0.6m，漏缝地板的漏缝宽度宜为1.5～2.0cm。

2. 围栏 牛栏根据饲养品种不同，其高度宜设计在1.2～1.5m。牛床的前、左、右侧配置牢固铁栅栏，牛栏设颈枷。羊舍围栏材质宜采用铁质或木质等材料，栏杆间距不宜超过8cm；公羊舍围栏高度不低于1.5m，母羊舍围栏高度不低于1.3m。

3. 饲槽和饮水器具 可设在畜床前面，其长度与畜床的宽度相同，做成通槽式，宜用砖、砂石、水泥等材料砌成，饲槽内表面宜光滑、耐用，底部呈弧形。牛舍食槽上宽60～80cm，底宽35～45cm，饲槽内缘高35cm（靠牛床一侧），有槽饲槽外缘高60～80cm（图1-21），地面饲槽外缘高与饲料通道齐平（图1-22）。羊舍饲槽口上缘宽30cm，下缘宽20cm，内缘深20cm，底部距地面40cm。饮水可用聚氯乙烯（PVC）、三型聚丙烯（PPR）或聚乙烯（PE）等管材接入外来水源，安装水槽、鸭嘴式饮水器（图1-23）或杯式饮水器（图1-24）。

图 1-21　有槽饲槽

图 1-22　地面饲槽

图 1-23　鸭嘴式饮水器

图 1-24　杯式饮水器

4. 通道和粪尿沟　喂料通道依据投料方式一般宽度设置为 1.5～3.0m。清粪通道宽度宜为 1.5～2.0m，并应做防滑处理（图 1-25）。粪尿沟应以常规铁锨正常推行宽度为宜，宽 0.25～0.3m，深 0.15～0.3m，倾斜度 1%～2%。

图 1-25　清粪通道

（四）附属设施设备

1. 消毒设施　消毒室以砖混结构为主，墙体、地面和屋顶抹平，墙体贴瓷砖，应设计在生活区和生产区入口处，长 3m、宽 2m、高 2.5m。脚踏消毒池（图 1 - 26）宜设计在生活区和牛羊舍的入口处，长 1m，宽度略小于净道宽度，深度为 2～5cm，内可放置棕垫或地毯等。车辆消毒池应设计在生活区入口处，深度宜为 30cm，长度宜为 5m，宽度宜为 3m，同时设置喷雾消毒设施。消毒池的两端要有一定坡度，便于车辆出入，池内设排水孔，便于更换消毒药液。

图 1 - 26　脚踏消毒池

2. 饲料库　库房面积按满足饲养牛或羊 1 个月的存储量为宜，库房内必须做到防潮、防霉、防鼠、防火等要求。库房内地面应高于室外地面 30cm 以上，地面硬化处理为宜（图 1 - 27）。

图 1 - 27　饲料库

3. 青贮池　容积按每头牛 3～4m^3、每只羊 0.3～0.5m^3 修建为宜。池底部从里向外坡度以 2%～5%为宜。

4. 蓄水池　可选择方形或圆形，宜按照每头牛每天需要 40～60L，每只羊每天需要 4～10L，连续使用 30d 计算储水量；池体墙厚不低于 24cm，做防渗处理；池底铺混凝土，厚度不低于 20cm。

5. 废弃物处理设施　干粪堆放间屋顶宜采用透明阳光棚，面积不低于 50m^2，高度不低于 4m。化粪池要求防渗、防漏，宜建三级沉淀池，有效容积不低于 $30m^3$。化粪池与消纳地之间宜建设中转储存池，容积按消纳利用情况确定，并做防渗、防漏处理。建粪污还田管网，材质宜采用 PPR（或 PE）管材等耐用抗高压材料，主管道直径以 50～63mm 为宜，支管直径以 25～32mm 为宜。

6. 配套机械设备 饲料粉碎机 1 台，加工能力以 0.5～0.8t/h 为宜，用于玉米和豆粕等粉碎加工；铡草揉丝机 1 台（图 1-28），加工能力以 1～1.5t/h 为宜，用于青草及秸秆等草料加工；全混合日粮（TMR）饲料搅拌机 1 台（图 1-29），容积以 1～$3m^3$ 为宜；挤压式固液分离机 1 台，处理粪污能力以 8～$10m^3/h$ 为宜。

图 1-28 铡草机

图 1-29 立式 TMR 搅拌机

（五）环境控制及其设施设备

牛羊舍内环境与生产、生物安全密切相关。牛羊的耐热性差、耐寒性强，在适宜温度范围之外，其生产性能降低。

1. 温度、相对湿度 牛羊舍温湿度测量可采用温湿度表（图 1-30）、数显温湿度仪进行测量，也可采用专门的环境测量仪进行测量。一般来说，牛羊舍的相对湿度控制在50%～70%为宜，成年牛舍、育成舍最高限度为85%，犊牛舍、分娩舍、公牛舍为75%，绵羊舍为80%，产羔舍为75%。各种牛羊舍的标准温度参数见表1-1，可通过天窗、导风管、水帘、喷淋与喷雾设施等降温。喷淋和喷雾设施宜在干热地区使用，舍内安装时每隔6m装一个喷头，每个喷头的有效水量为1.4～2L/min。

图1-30　温湿度表

表1-1　各种牛羊舍的标准温度参数

畜舍类别	温度（℃）	畜舍类别	温度（℃）
分娩舍	16（14～18）	青年和成年牛舍	—
犊牛舍	—	拴系散放饲养	10（8～10）
20～60日龄	17（16～18）	散放厚垫料饲养	6（5～8）
60～120日龄	15（12～18）	公母羊舍、后备羊舍	5（3～6）
1岁以上	12（8～16）	母羊分娩舍	15（12～16）
		公羊采精舍	15（13～17）

2. 风速　牛羊舍可采用机械通风或自然通风。封闭舍以机械通风为主，可采用轴流式风机（图1-31），棚舍可采用吊扇或圆周扇，圆周扇安装角度以70°为宜（图1-32）。通风时保证气流均匀分布，尽量减少通风死角。夏季风速要大于2.8m/s，冬季风速不超过0.3m/s。

图1-31　轴流式风机

图1-32　圆周扇

3. 光照度 可采用照度仪直接测量。通过在屋顶安装采光带（图 1 - 33）、灯具，根据畜种、日龄和生产过程确定合理的光照时间和光照度（表 1 - 2）。常用的灯具有荧光灯、节能灯、LED 灯。安装时灯距为灯高的 1.5 倍，一般按行距 3m 布置灯具，靠墙的行距为内部行距的一半，两排以上的灯具应左右交错布置。

图 1 - 33 屋顶采光带

表 1 - 2 牛羊舍光照标准

畜禽种类	光照时间（h/d）	光照度（lx）	畜禽种类	光照时间（h/d）	光照度（lx）
肉用母牛	16～18	75	成年绵羊	8～10	75
乳用母牛	16～18	75	绵羊初生羔羊	8～10	100
犊牛	16～18	100	绵羊哺乳羊羔	8～10	100
青年牛	14～18	50	成年山羊	8～10	75
肉牛	6～8	50	山羊初生羔羊	8～10	100
小阉牛	6～8	50	山羊哺乳羊羔	8～10	75

02 第二章

牛羊品种识别与外貌鉴定

一、牛的品种识别

在动物学分类上，牛可分为牦牛、瘤牛、水牛、大额牛和普通牛等种类（图 2-1 至图 2-5）。根据来源划分，牛的品种类型可分为本地品种和国外引进品种。生产上常根据经济用途划分为奶用牛、肉用牛、兼用牛和役用牛。

图 2-1　牦牛

图 2-2　瘤牛

图 2-3　水牛

图 2-4　大额牛

图 2-5　普通牛

（一）奶用牛品种

我国饲养的奶牛品种主要为荷斯坦牛、娟姗牛等（表 2-1）。北方地区炎热时间短，多选择饲养荷斯坦牛；南方地区则宜选择耐热性相对较好、抗病性较强、乳脂含量高、抗逆性较好的娟姗牛。在选购奶牛时，要查阅其防疫记录、生产记录、系谱等资料，避免非娟姗牛品种和黄牛杂交。

表 2-1　常见奶牛品种

品种名称	产地	外貌特征	生产性能	杂交改良特点
荷斯坦牛（图 2-6）	荷兰	荷斯坦牛毛色为黑白花，白斑多分布在牛体的下部，黑白斑界线明显 乳用型黑白花牛体格高大。乳房庞大，乳静脉明显，后躯较前躯发达，侧视整个牛体呈楔形	荷斯坦牛成年公牛体重为 900～1 200kg，母牛为 650～750kg，犊牛初生重平均为 40～50kg。乳用型牛年平均产乳量 6 000～8 000kg，乳脂率 3.6%～3.8%；乳肉兼用型牛年平均产乳量 4 000～6 000kg，乳脂率可达 4.2%以上。早熟晚配，5～6 月龄性成熟，18～20 月龄配种，4～5 岁体成熟	荷斯坦牛在我国适应性好，各地引用荷斯坦牛与黄牛杂交改良，可提高黄牛的泌乳量和增大体格。但是，荷斯坦牛对饲料的要求条件高，耐寒，但耐热性差，易感染肺炎
娟姗牛（图 2-7）	英国	娟姗牛毛色呈灰褐、浅褐和深褐色，尾帚为黑色 娟姗牛为小型的乳用型牛，乳房形状美观、质地柔软、发育匀称，乳头略小，乳静脉粗大而弯曲，后躯较前躯发达，身体呈楔形	娟姗牛成年公牛体重为 650～750kg，母牛为 340～450kg，犊牛初生重为 23～27kg。年平均泌乳量为 3 500～4 000kg。乳脂率 5.5%～6.0%，最高可以达到 8%，乳脂球大，容易分离制作奶油，乳色黄，风味浓，其鲜乳及乳制品备受欢迎	娟姗牛同荷斯坦牛的杂交一代的乳脂率通常比荷斯坦牛母本的乳脂率高。我国南方热带及亚热带地区可引用娟姗牛、荷斯坦牛公牛与当地黄牛进行杂交

图 2-6　荷斯坦牛

图 2-7　娟姗牛

（二）肉用牛品种

我国饲养较多的肉用牛品种为夏洛来牛、利木赞牛、安格斯牛等及这些牛的杂交品种（表 2-2）。

表 2-2　常见肉牛品种

品种名称	产地	外貌特征	生产性能	杂交改良特点
夏洛来牛（图 2-8）	法国	夏洛来牛背毛为白色或乳白色，皮肤常有色斑。全身肌肉特别发达，骨骼结实，四肢强壮，是世界闻名的大型肉牛品种 体躯呈圆筒状，后臀肌肉很发达，并向后和侧面突出，常见“双肌臀”，公牛常见有双甲和凹背者	成年公牛体重为 1 100～1 200kg，母牛为 700～800kg。生长速度快，饲料转化率高，瘦肉产量高。在良好的饲养管理条件下，日增重可达 1 400g，12 月龄公犊体重可达 378.8kg，母犊体重可达 321.8kg，屠宰率 60%～70%	夏洛来牛是肉牛杂交的主要父系，在我国各地适应力好，与我国黄牛杂交，体格明显增大，生长速度明显加快，杂交一代毛色乳白或浅黄。与西门塔尔改良牛的杂交为肉牛生产提供了大量牛源，在眼肌面积改良上效果很好。夏季抗热性差
利木赞牛（图 2-9）	法国	利木赞牛被毛呈黄红色，但深浅不一，口、鼻、眼圈周围、四肢内侧及尾帚毛色较浅，角细为白色，蹄为红褐色。头角较短，全身肌肉丰满，前肢肌肉特别发达，胸宽肋圆，四肢强健而细致	成年公牛体重为 1 000～1 100kg，母牛为 600～800kg。早熟、耐粗饲。母牛难产率低、寿命长且生长速度快，哺乳期平均日增重为 860～1 100g。产肉性能好，胴体质量好，眼肌面积大，前后肢肌肉丰满，出肉率高，屠宰率在 63%以上，肉质优良，大理石纹明显	利木赞牛是常用的杂交父系之一，在我国因其毛色非常接近黄牛，故较受欢迎，用于改良当地黄牛，杂交后代外貌好，肉用性能得到提高。在夏洛来牛和西门塔尔牛杂交的基础上进行下一轮的杂交能获得较高的饲料转化率

（续）

品种名称	产地	外貌特征	生产性能	杂交改良特点
安格斯牛（图 2-10）	英国	安格斯牛被毛呈黑色，也有红色安格斯牛，无角安格斯牛被称为无角黑牛。属于古老的小型肉牛品种，体躯矮而结实，呈长方形，体躯宽平，全身肌肉丰满	成年公牛平均体重为 700～900kg，母牛为 500～600kg。表现早熟。肉用性能、胴体品质高，出肉多，屠宰率一般为 60%～65%。哺乳期平均日增重为 900～1 000g，育肥期平均日增重为 700～900g。肌肉大理石纹好，是肉质很好的肉牛。该牛适应性强，耐寒抗病，缺点是母牛稍具神经质	安格斯牛是理想的杂交父本，耐粗饲，改良的本地黄牛肉质效果较好
皮埃蒙特牛（图 2-11）	意大利	皮埃蒙特牛属于专门化大型肉用品种，毛色不一，基本毛色为灰白色；犊牛在幼龄时为乳黄色；公牛皮肤灰白或浅红色；母牛为白色或浅红色，也有暗灰或暗红色。鼻镜、眼圈、嘴唇、腹下、阴门、耳尖、尾尖为黑色。双肌肉型特别明显，皮薄骨细，肌肉丰满	成年公牛体重为 850kg，母牛为 570kg。肉质优良，嫩度好，胆固醇含量比一般牛肉低 30%。其育肥期平均日增重为 1.5kg，生长速度为肉用品种之首。屠宰率为 67%～70%，瘦肉率为 82.4%，眼肌面积 121.8cm^2，骨量只占 13.6%，脂肪极少，为 1.5%。泌乳性能佳，280d 泌乳量为 2 000～3 000kg	与中国黄牛杂交所产杂种母牛因泌乳量高，故在三元杂交中再作母系有利于培育犊牛，且经产母牛无难产问题

图 2-8　夏洛来牛

图 2-9　利木赞牛

图 2-10　安格斯牛

图 2-11　皮埃蒙特牛

（三）兼用牛品种

兼用品种即具有两种或两种以上主要用途的品种，由于其生产方向有主辅的不同，体型上也有所偏向，主要指肉乳兼用品种。以下主要介绍西门塔尔牛、中国草原红牛、三河牛和新疆褐牛（表 2-3）。

表 2-3　常见兼用牛品种

品种名称	产地	外貌特征	生产性能	杂交改良特点
西门塔尔牛（图 2-12）	瑞士	毛色为黄白花或红白花。头、胸部、腹下和尾帚多为白色；大腿肌肉发达；乳房发育较好，向后伸展	成年公牛体重为 1 000～1 300kg，母牛为 600～800kg，犊牛初生重为 30～45kg。乳、肉用性能均较好，平均产奶量为 4 070kg，乳脂率 3.9%。该牛生长速度较快，平均日增重可达 1.35～1.45kg，生长速度与其他大型肉用品种相近。胴体肉多，脂肪少而分布均匀，公牛育肥后屠宰率可达 65%左右。成年母牛难产率低，适应性强，耐粗放管理	与我国黄牛杂交，杂种后代体格增大，生长快，在肉牛杂交体系中适合扮演“外祖父”角色。近年来，也在“合成系”中作母系，与专门的父系杂交，组成高产的肉用生产配套系
中国草原红牛（图 2-13）	吉林、内蒙古	毛色以紫红或红色为主，部分牛腹下、乳房部为白色；四肢端正，蹄质结实	在加补饲条件下，产乳量为 1 800～2 000kg，泌乳期约 210d。经短期肥育，3.5 岁阉牛屠宰重 499.5kg，屠宰率 52.7%，净肉率 44.2%，眼肌面积 63.2cm^2。中国草原红牛对冬季严寒及夏季酷热干燥的气候适应性好，耐粗放饲养管理	中国草原红牛是由短角牛与蒙古牛长期杂交选育而成，是肉牛繁育的良好配套系之一

（续）

品种名称	产地	外貌特征	生产性能	杂交改良特点
三河牛（图 2－14）	内蒙古	毛色以红（黄）白花为主，花片分明。体质结实，肌肉发育好，骨骼粗壮，结构匀称	初生重公犊为 35.8kg，母犊为 31.2kg；6 月龄体重相应为 178.9kg 和 169.2kg；成年牛体重相应为 1 050kg 和 547.9kg；哺乳期平均日增重相应为 795g 和 776g。18 月龄后日增重在 500g 以上。屠宰率超过 50%，净肉率 44%～48%	三河牛是我国培育的第一个乳肉兼用品种，含西门塔尔牛血统
新疆褐牛（图 2－15）	新疆	被毛呈深浅不一的褐色，额顶、角基、口轮周围及背线为灰白色或黄白色。体格中等大，臀部肌肉较丰满，乳房发育中等大	成年公牛体重为 951kg，母牛为 431kg。平均产乳量 2 100～3 500kg，乳脂率 4.05%。在放牧条件下，成年公牛在 433kg 时屠宰，胴体重 230kg，屠宰率 53.1%，眼肌面积 76.6cm^2	适应性好，可在极端温度条件下放牧，抗病力强

图 2－12　西门塔尔牛

图 2－13　中国草原红牛

图 2－14　三河牛

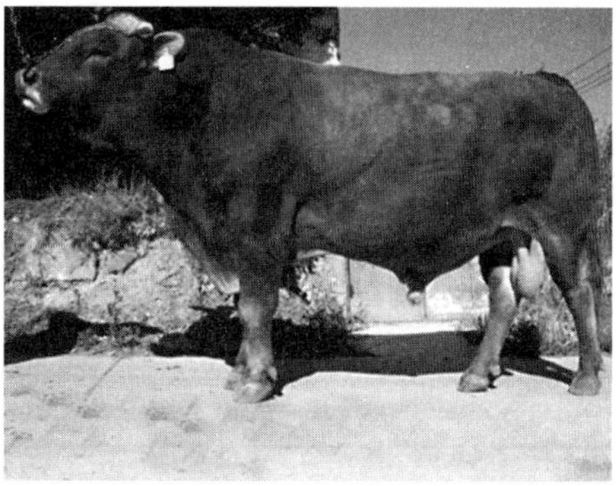

图 2－15　新疆褐牛

（四）役用牛品种：中国黄牛

中国黄牛是我国固有的、曾长期以役用为主的黄牛群体的总称。中国黄牛分布广、数量多、耐粗抗病、性情温驯，能适应我国各地的气候及生态环境；由于各地自然环境及生态条件不同，体型差异大，形成了各种不同的生态类型。目前我国大多数地方品种还未达到国际肉用牛的性能要求，但中国地方良种黄牛（表2-4），在某些肉用性状上比国际公认的肉用牛品种更好。从这个意义上讲，中国黄牛值得提倡和强化利用。

表2-4　中国五大优良黄牛

品种名称	产地	外貌特征	生产性能	杂交改良特点
秦川牛（图2-16）	陕西	毛色有紫红、红、黄三种。躯干长、口方、尻方、额宽、胸宽、后躯宽、四蹄叉紧、颈部和四肢短。前躯发育良好而后躯较差	犊牛初生重23.5～24.5kg；成年公牛体重为610kg，母牛为400kg。在中等饲养水平下，饲养到18月龄时，平均日增重公牛为700g、母牛为550g、阉牛为590g。胴体重375kg，净肉重190kg，屠宰率58%，眼肌面积97.0cm^2	全国有21个省（自治区）曾引进秦川公牛改良本地黄牛，效果良好
南阳牛（图2-17）	河南	被毛有黄、红、草白三色。面部、腹下和四肢下部毛色浅。鼻镜宽，口大方正，角形较多，公牛角基较粗，以萝卜头角为主。鬐甲较高，尾巴较细。四肢端正，筋腱明显，蹄大坚实。公牛头部雄壮方正，额微凹，颈短厚稍呈弓形	公犊初生重平均为31.2kg，母犊为28.6kg，成年体重公牛为850kg、母牛为430kg。公牛8月龄开始育肥，18月龄体重达410kg以上，屠宰率55.6%，净肉率46.6%；3～5岁阉牛，屠宰率64.5%，净肉率56.8%，眼肌面积95.3cm^2，大理石纹明显，优质牛肉比例高	全国22个省已有引入，杂交后代适应性、采食性和生长能力均较好
晋南牛（图2-18）	山西	毛色以枣红为主，鼻镜粉红色。体型高大结实，前胸宽阔，背腰平直。公牛头中等大，额宽，顺风角，颈粗短，垂皮较发达，肩峰不显，臀端较窄。母牛头部清秀，乳房发育不足	犊牛初生重22～25kg；成年体重公牛为600kg，母牛约340kg。生长发育较慢，公牛2岁体重仅达240kg，约为成年牛体重的40%。15月龄幼牛育肥3个月，日增重可达到0.63kg，18月龄活重达到373kg，屠宰率58.4%，净肉率50.0%	曾用于四川、云南、陕西、甘肃、安徽等地的黄牛改良，效果良好

（续）

品种名称	产地	外貌特征	生产性能	杂交改良特点
鲁西牛（图2-19）	山东	牛的毛色从浅黄到棕红色，以红黄、浅黄较多。多数牛的眼圈、口轮、腹下和四肢内侧毛色淡。体躯高大而略短，外形细致紧凑，骨骼细而肌肉发达。公牛为平角或“龙门”角，母牛以“龙门”角为主。公牛肩峰高而宽厚，胸深宽。前躯发达而后躯发育差，臀部肌肉不够丰满。母牛鬐甲低平，颈细长，背腰平直，后躯宽阔，尻部稍倾斜，体躯呈长方形	成年体重公牛平均为644kg，母牛平均为365kg。18月龄育肥牛日喂精饲料2kg，平均日增重公牛为0.65kg，母牛为0.43kg。育肥3个月，18月龄屠宰率可达到57%～58.3%，净肉率41.8%～49%，眼肌面积72～89cm^2。成年牛屠宰率平均为58.1%，净肉率50.7%，眼肌面积94.2cm^2	鲁西牛抗病力较强，有较强的抗焦虫病能力
延边牛（图2-20）	吉林	被毛呈深浅不一的黄色。胸宽深，骨坚实。公牛头短额宽，角基粗大，呈“一”字或倒“八”字形。颈厚隆起，肌肉发达。母牛头适中，角细长，多呈“龙门”角	初生重公犊为22.5kg，母犊为19.6kg；成年体重公牛为465kg，母牛为365kg。公牛18月龄育肥6个月，日增重可达0.81kg，屠宰率57.7%，净肉率47.2%	耐寒冷，耐粗饲，抗病力强，适应性良好，善走山路

图2-16　秦川牛

图2-17　南阳牛

图2-18　晋南牛

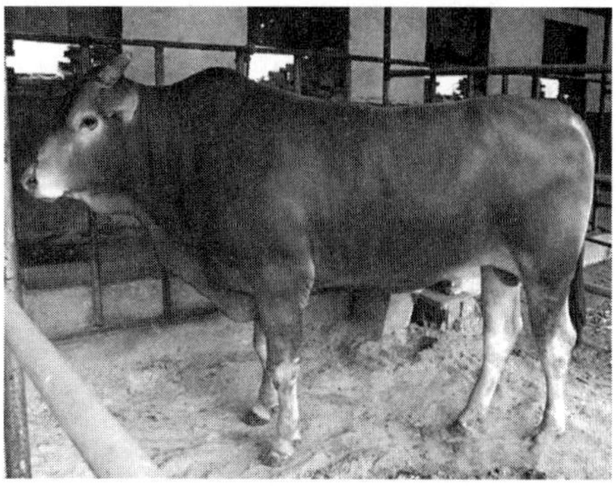

图2-19　鲁西牛

图 2－20　延边牛

二、肉牛的外貌鉴定及杂交组合

不同用途的牛，其体质外貌存在显著差异。研究牛体质外貌的目的在于揭示外貌与生产性能和健康程度之间的关系，以便在养牛生产上尽可能地选择生产性能高且健康状况好的牛。对牛外貌的鉴定是对其体质和生产潜力鉴定和选择的重要手段，是牛的选择和培育不可缺少的重要环节。本节介绍了牛体各部位名称、肉牛的外貌选择、牛的体尺测量、牛的体重估测、肉牛品种选择和常用杂交组合。

（一）牛体各部位名称

牛体大致可分为头颈部、前躯部、中躯部和后躯部四个部位。肉牛各部位名称见图 2－21。

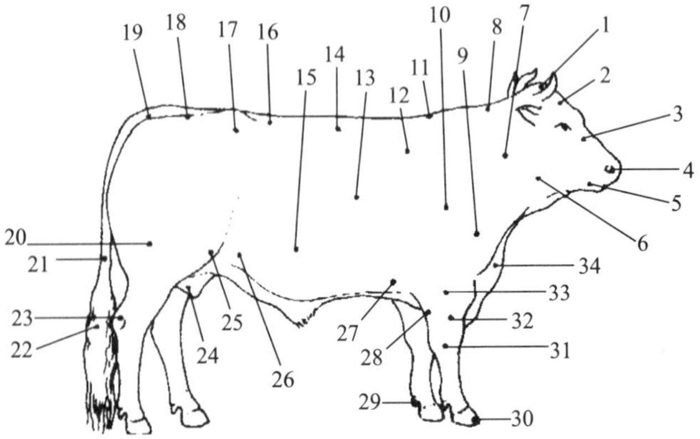

图 2－21　肉牛各部位名称

1. 头顶　2. 额　3. 面部　4. 鼻孔　5. 口裂　6. 下颌　7. 颈　8. 颈脊　9. 肩端　10. 肩　11. 肩峰　12. 肩后　13. 胸　14. 背　15. 腹　16. 腰　17. 腰角　18. 尻　19. 尾根　20. 大腿　21. 尾　22. 尾帚　23. 飞节　24. 阴囊　25. 膝　26. 后肋　27. 前肋　28. 肘　29. 附蹄　30. 蹄　31. 腕　32. 胫　33. 前肢　34. 垂皮

1. 头颈部

（1）头部　一般而言，公牛头短宽而较重；母牛头狭长而较轻。肉用牛头短宽。

（2）颈部　公牛的颈比母牛粗短，颈上缘隆起。肉用牛颈粗短而肌肉发达。

2. 前躯部

（1）鬐甲　公牛鬐甲高而宽阔，肌肉附着充实而紧凑；母牛鬐甲平直而厚度适中。肉用牛鬐甲宽厚而丰满。

（2）前肢

①肩部：肩部长、广而适度倾斜，与鬐甲结合良好，肌肉发达，是任何用途牛的共同要求。

②臂：有长、短、肥、瘦等不同类型。

③下前肢：包括前臂、前膝、前管、球节、系、蹄等部位。前臂应有适当长度，肌肉发达，健壮结实，肢势正直。前膝要整洁、正直、坚实、有力。前管应光整，筋腱明显。球节宜强大，光整而结合有力。悬蹄要大小相等，附着良好，系应长短适中，粗壮有力，并与地面呈45°～55°。蹄内外大小要相等，整个蹄近圆形，蹄质坚实、致密。前肢肢势应端正，肢间距宽。

（3）胸部　肉用牛胸部较乳用牛宽阔，前胸明显发达，垂肉凸出。幼牛饲养管理好时，胸部宽深，发育良好；否则，体躯狭浅，胸部紧缩，形成狭胸平肋，体质衰弱，生产力低。

3. 中躯部

（1）背部　背宜长、宽、平、直，并与鬐甲和腰部结合良好。幼牛在培育期如饲喂大量粗饲料和多汁饲料，腹腔容积增大，也能形成长背。牛背过长，若伴有狭胸、平肋，为体质衰弱和低产的表现。长背牛、老龄牛和分娩次数多的母牛，因运动不足，背部韧带松弛，往往形成凹背，长期下痢的牛及采精过度的公牛也会出现凹背。在不良饲养条件下培育的牛或幼龄时期患病的牛往往形成凸背，凸背牛多伴有狭背与狭胸，是严重的缺陷。

（2）腰部　牛的背腰结合、腰尻结合必须良好，背线平直为其主要标志。凹腰、长狭腰都是体质衰弱的表现。

（3）腹部　腹肌应发达，胶部应充实，容积宜大，呈圆桶形，不应有垂腹或卷腹。垂腹也叫“草腹”，表现在腹部左侧膨大而下垂，多由于幼龄时期营养不良，采食大量低劣粗饲料，瘤胃扩张，腹肌松弛所致，老龄牛与经产母牛多有发生。垂腹多与凹背相伴随，是体质衰弱、消化力差的表现。卷腹是由于幼龄时长期采食体积小的精饲料，发生消化道疾病所致。卷腹牛腹部两侧扁平，下侧向上收缩成卷腹状态，表现食欲低，消化器官不发达，容积小，体质弱。

4. 后躯部

（1）尻部　尻部要求长、宽、平直，肌肉丰满。母牛尻部宽广，有利于繁殖和分娩，肉用牛利于腿部肌肉附着。长期卵巢囊肿的不孕牛，因经常爬跨其他牛，尾根高举，腰与尻结合部下陷，易形成高尻。

（2）臀部　各种用途的牛宜有宽大的臀部。

（3）后肢

①大腿：肉牛要求腿肌厚实均匀，两腿间肌肉丰满。

②小腿：小腿发育良好，胫骨长度适当，胫骨与股骨构呈100°～130°，后肢步伐伸展流畅、灵活、有力。

③飞节：飞节的角度以140°～150°为宜，否则形成直飞或曲飞。直飞牛步幅小，伸展不畅，推进力弱；曲飞牛由于后膝向前，常伴有卧系，软弱无力。

④后管：侧面宽而前面和后面窄。肌腱越发达则侧面越宽，是强壮有力的象征。

⑤后系和后蹄：后系要求与前系相同。后蹄较前蹄稍细长，其要求也同前蹄。

（4）尾　尾粗细适中，要着毛良好。如果尾粗皮厚，尾毛粗刚，则体质和骨骼多为粗糙；反之，尾过于细长的，则是体质衰弱的表现。

（5）乳房　乳腺发达、柔软而有弹性，乳镜宽而明显。乳头大小适中，垂直呈柱形，间距匀称。乳房皮肤薄，被毛稀短，血管显露，挤乳前后体积变化大。乳静脉粗大、明显、弯曲而分支多，乳井大而深。

（6）生殖器官　公牛的睾丸要求发育良好、对称，大小长短一致，包皮整洁，薄而光滑，被毛细短。母牛的阴门要发育良好，闭合完全，外形正常。

（二）肉牛的外貌选择

图2-22　肉牛体形示意

肉用牛皮薄、柔软有弹性，背毛细短、柔软而有光泽，骨骼细致而结实，肌肉高度丰满。前、后躯都很发达，整体呈长方形（图2-22）或圆桶状，体躯短、宽、深，头宽短、多肉，角细，耳轻，颈短、粗、圆。鬐甲广、平、宽，肩长、宽而倾斜，胸宽、深，胸骨突于两前肢前方，垂肉高度发育，肋长、向两侧扩张而弯曲大，肋骨的延伸趋于与地面垂直的方向，肋间肌肉充实。背腰宽、平、直，尻长、平、宽，腰角不显，肌肉丰满，腹部充实呈圆桶形，后躯侧方由腰角经坐骨结节至胫骨上部，形成大块的肉三角区。尾细，帚毛长，四肢上部深厚多肉，下部短而结实，肢间距大。

（三）牛的体尺测量

进行体尺测量时，应使牛站于平坦的地面上，肢势要端正，四腿成两行，从前往后看前后腿端正，从侧面看左右腿互相掩盖，背腰不弓不凹，头自然前伸，不左顾右盼，不昂头或下垂，待体躯各部呈自然状态后，迅速、准确地进行测量。体尺测量的指标（图2-23）依测量目的而定，每项指标测量2次，取其平均值，做好记录，测量应准确，操作宜迅速。测量指标主要包括：

(1) 头长　从额顶（角间线）至鼻镜上缘的距离。

(2) 额宽　两眼眶最远点的距离。额小宽为颞颥部上面额的最小宽度。

(3) 体高（鬐甲高）　鬐甲最高点到地面的垂直距离。

(4) 胸围　肩胛骨后缘处体躯的垂直周径。

(5) 体斜长　肩端前缘到坐骨端外缘的距离。

(6) 腰高（十字部高）　两腰角前缘隆凸连线，交于腰线一点到地面的垂直距离。

(7) 坐骨端距地面垂直高度　用于辅助描述体直长。

(8) 管围　前肢掌部上 1/3 最细处的水平周径。

(9) 胸宽　两侧肩胛骨后缘的最大距离。

(10) 腰角度　两腰角外缘的距离。

(11) 坐骨端宽　两坐骨外凸的水平最大距离。

(12) 尻长（臀长）　腰角前缘到坐骨端外缘的长度。

(13) 体直长　肩端前缘与坐骨端外缘的两条垂线之间的水平距离。

(14) 软尺体斜长　用于估测体重，指肩端前缘至同侧坐骨端后缘的曲线距离。

(15) 后腿围　由右侧的后膝前缘开始，绕尾下胫骨间至对侧后膝前缘的水平距离。

(16) 胸深　鬐甲后缘到胸基垂直的最短距离。

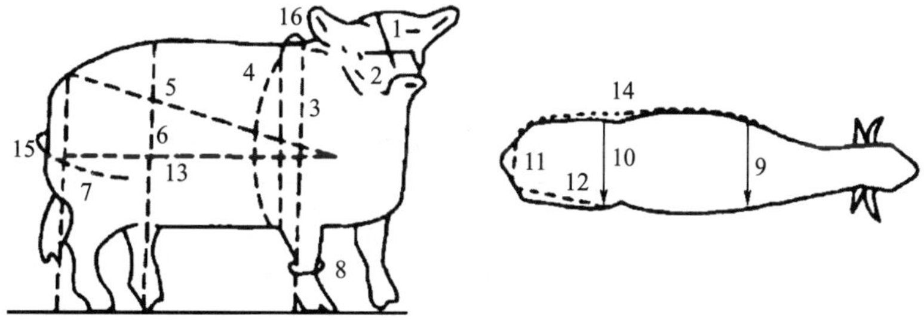

图 2-23　牛体尺测量指标

1. 头长　2. 额宽　3. 体高（鬐甲高）　4. 胸围　5. 体斜长　6. 腰高（十字部高）
7. 坐骨端距地面垂直高度　8. 管围　9. 胸宽　10. 腰角宽　11. 坐骨端宽　12. 尻长（臀长）
13. 体直长　14. 软尺体斜长　15. 后腿围　16. 胸深

（四）牛的体重估测

体重估测是指根据牛的体重与体尺的关系对牛体重进行计算。由于牛的品种、类型、年龄、性别、膘情等不同，难以找到统一的估重公式，所以应根据实际情况，分别应用。以下是几种不同类型牛的估重公式，可供参考。

(1) 肉牛体重估测公式

体重（kg）= $[胸围（m）]^2$×体直长（m）×100

(2) 本地黄牛和改良牛体重估测公式

体重（kg）= $[胸围（cm）]^2$×体斜长（cm）÷11 420

（3）乳牛或乳肉兼用牛体重估测公式

体重（kg）＝［胸围（m）］^{2}×体斜长（m）×87.5

（4）水牛估重公式

体重（kg）＝［胸围（m）］^{2}×体斜长（m）×80＋50

（五）肉牛品种选择

肉牛品种选择应考虑当地的地域环境、饲料供给、集约化或现代化程度和市场销售情况。例如，在山区适宜饲养繁殖母牛、育肥架子牛，可以选择大体型西门塔尔牛杂交改良的杂种牛；在使用役用牛耕种的山区，应以中小型牛如利木赞牛、安格斯牛为宜；农区应选择杂种牛，利用引进的国外优良肉牛品种如西门塔尔牛、利木赞牛、夏洛来牛、安格斯牛作为父本与当地母牛杂交。

北方地区可选择西门塔尔牛、短角牛、安格斯牛等作为杂交父本与当地牛种杂交，杂交后代可以向农区提供育肥架子牛，获得良好的生产效果。南方炎热地区选择肉牛品种应考虑牛对高温高湿的耐受性。目前，南德文牛、婆罗门牛和德国黄牛在南方地区与当地牛杂交，效果良好。

（六）常用杂交组合

我国主要养牛地区常用杂交品种组合见表2－5。

表2－5　我国主要养牛地区常用杂交品种组合

地区	杂交组合
山东	利木赞牛×（西门塔尔牛×本地黄牛）；皮埃蒙特牛×（西门塔尔牛×本地黄牛）；西门塔尔牛×（利木赞牛×本地黄牛）；德国黄牛×（利木赞牛×本地黄牛）；夏洛来牛×（西门塔尔牛×本地黄牛）；西门塔尔牛×本地牛或鲁西牛
重庆	红安格斯牛×（红安格斯牛×川南山地牛）；红安格斯牛×（西门塔尔牛×川南山地牛）；西门塔尔牛×（西门塔尔牛×川南山地牛）；西门塔尔牛×（红安格斯牛×川南山地牛）；红安格斯牛、抗旱王牛×本地牛
贵州	（西门塔尔牛×思南黄牛或本地牛）×利木赞牛、安格斯牛
云南	西门塔尔牛×本地牛（滇中黄牛）；婆莫云牛×（西门塔尔牛×本地黄牛）；红安格斯牛×本地黄牛
甘肃	夏洛来牛×（西门塔尔牛×本地黄牛）；皮埃蒙特牛×（西门塔尔牛×蒙古牛）；安格斯牛×（西门塔尔牛×河西肉牛）；金黄阿奎登牛×（西门塔尔牛×本地黄牛）
青海	比利时蓝白花牛、利木赞牛、西门塔尔牛×本地黄牛（青海黄牛）
吉林	西门塔尔牛×红安格斯牛
湖南	西门塔尔牛×本地黄牛；夏洛来牛、西门塔尔牛×湘西黄牛
河南	夏洛来牛×西门塔尔牛×南阳黄牛；利木赞牛×西门塔尔牛×南阳黄牛；西门塔尔牛×夏洛来牛×南阳黄牛

（续）

地区	杂交组合
江西	西门塔尔牛×（西门塔尔牛×吉安牛）
新疆	美国褐牛×新疆褐牛；西门塔尔牛×本地黄牛
海南	日本和牛×雷琼牛
黑龙江	西门塔尔牛（利木赞牛、夏洛来牛）×蒙古牛、延边牛

注："×"代表杂交，×前面代表公牛，×后面代表母牛；"（×）"代表与其后代进行杂交。

三、羊的品种识别

羊在动物学分类中可分为绵羊和山羊两种（图 2－24、图 2－25）。生产上可分为肉用、肉毛兼用、毛用和乳用四个用途。

图 2－24　绵羊

图 2－25　山羊

（一）肉用羊品种

目前，常见的国内外优良肉羊品种见表 2－6 和表 2－7。在我国饲养较多的外来品种主要是无角陶赛特羊、萨福克羊、夏洛来羊、波尔山羊、杜泊羊，地方品种主要为小尾寒羊、湖羊、乌珠穆沁羊、南江黄羊等，以及外来品种与本地品种的杂交羊。

表 2－6　常见引进肉羊品种

品种名称	产地	外貌特征	生产性能	杂交改良特点
无角陶赛特羊（图 2－26）	澳大利亚、新西兰	全身被毛白色，公、母羊均无角，体躯呈圆筒形，四肢粗短，后躯发育良好	成年公羊体重 100～125kg，母羊 75～90kg。毛长 7.5～10cm，剪毛量 2.5～3.5kg。胴体品质和产肉性能好，4 月龄羔羊胴体重 20～24kg，屠宰率在 50%以上。产羔率 130%～180%	主要用于和我国内地的小尾寒羊杂交，其杂交一代的生产性能明显高于小尾寒羊

（续）

品种名称	产地	外貌特征	生产性能	杂交改良特点
萨福克羊（图2-27）	英国	公、母羊均无角，头和四肢为黑色，被毛白色，但常混有黑纤维。体型较大，头较长，耳长，颈长而粗，胸宽，背腰和臀部宽而平，肌肉丰满，后躯发育好	成年公羊体重120～140kg，母羊70～90kg。羔羊初生重4.5～6kg，断奶前平均日增重330～400g，4月龄体重47.5kg，屠宰率55%～60%。胴体中脂肪含量低，肉质细嫩，肌肉横断面大理石纹明显。1岁母羊开始配种，可全年发情，产羔率130%～170%。公、母羊剪毛量分别为5～6kg和2.5～3kg，毛长8～9cm，细度50～58支，净毛率60%	与哈萨克羊、阿勒泰羊、蒙古羊等杂交，杂交一代胴体性状好。杂交后代多为杂色被毛，细毛羊产区应慎重使用
夏洛来羊（图2-28）	法国	公、母羊均无角，头部无绒毛，呈粉红色或灰色；体躯呈圆桶形，四肢短而粗，肢势端正；被毛同质白色	成年公羊体重110～140kg，母羊80～100kg。母羊泌乳性能好；羔羊生长发育快；屠宰率55%以上。毛长5～7cm，细度56支；公羊剪毛量为4～5kg、母羊为3～3.5kg。母羊性成熟早，80%在7月龄时配种，初产母羊产羔率平均为141%，经产母羊产羔率为175%～192%，是生产肥羔的优良品种	与当地小尾寒羊、细毛羊等杂交，效果良好
波尔山羊（图2-29）	南非	被毛白色，头颈为红褐色，从额中至鼻端有一条白色毛带。具有良好的肉用型体形，背腰宽厚而平直，前胸较宽，后躯发达，臀部和大腿肌肉丰满	成年公羊体重90～100kg，母羊65～75kg。羔羊初生重3.2～4.3kg。肉用性能好，屠宰率50%～60%。羔羊平均胴体重15.6kg。肉质细嫩，肌肉横断面呈大理石样花纹。繁殖性能好，6月龄性成熟，母羊一年四季均可发情配种，秋季为性活动高峰期，春羔当年可配种，1年产2胎或2年产3胎。初产母羊产羔率150%，经产母羊产羔率220%	与地方山羊品种杂交，能显著提高后代的生长速度及产肉性能
杜泊羊（图2-30、图2-31）	南非	分为白头杜泊羊和黑头杜泊羊两种。体躯和四肢皆为白色，头顶部平直，额宽，耳大稍垂。颈粗短，肩宽厚，背平直，前胸丰满，后躯肌肉发达	母羊2年产3胎。一般产羔率150%，初产母羊一般产单羔。3～4月龄的断奶羔羊体重可达38kg，胴体重16kg，肉骨比为（4.9～5.1）∶1。胴体中肌肉约占65%，脂肪占20%，优质肉占43.2%～45.9%。肉质细嫩可口，特别适合肥羔生产	与小尾寒羊等地方羊品种杂交，杂种羔羊具有明显的肉用体型。利用这种方式进行专门化的羊肉生产，羔羊6月龄即可出栏屠宰

图 2-26　无角陶赛特羊

图 2-27　萨福克羊

图 2-28　夏洛来羊

图 2-29　波尔山羊

图 2-30　黑头杜泊羊

图 2-31　白头杜泊羊

表 2-7 常见地方肉羊品种

品种名称	产地	外貌特征	生产性能	杂交改良特点
小尾寒羊（图 2-32）	山东、河南、河北	被毛为白色，少数在头部及四肢有黑褐色斑点、斑块。四肢较长，体格高大，前、后躯均较发达。脂尾短，一般都在飞节以上。头、颈较长，鼻梁隆起，耳大下垂	成年公、母羊体重分别为94.1kg和48.7kg，1岁公羊体重40.48kg。公羊10～12月龄即可开始配种繁殖。发情周期平均17d，妊娠期150d，产后1～3个月发情，繁殖周期6～8个月，1年产2胎或2年产3胎。每胎产羔2～4只，随着胎次增长，产羔率增加，群体平均产羔率270%。6月龄公羊体重46kg，胴体重21.2kg，净肉重16.2kg；6月龄母羊体重可达42kg，胴体重19.3kg，净肉重14.7kg。1岁育肥羊屠宰率50%，净肉率40%	小尾寒羊遗传性能稳定，高产后代能够很好地继承亲本的生产潜力，品种特征保持明显，尤其是小尾寒羊的多羔、多产特性能够稳定遗传
湖羊（图 2-33）	浙江、江苏	被毛全白，腹毛粗、稀而短。体格中等，具短脂尾型特征	成年公羊体重为42～50kg、母羊为32～45kg。3月龄羔羊断奶体重公羔为25kg，母羔为22kg以上。6月龄体重可达成年羊的87%。终年繁殖。小母羊4～5月龄性成熟，2年产3胎或1年产2胎，每胎一般为双羔，经产母羊平均产羔率220%以上	改良后具有产肉性能好、耐高温高湿等优良性状
乌珠穆沁羊（图 2-34）	内蒙古	头部以黑、褐色居多，体躯白色，被毛异质，死毛多。体型大，体质结实，体躯深长，胸宽深，肋骨拱圆，背腰宽平。后躯发育较好，尾大而厚，四肢端正有力	成年公羊体重为60～70kg，母羊为56～62kg。羔羊生长发育较快，2.5～3月龄公、母羔平均体重分别能达到29.5kg和24.9kg；6个月龄的公、母羔平均体重分别达到40kg和36kg；平均胴体重17.90kg，屠宰率50%，平均净肉重11.80kg，净肉率33%。产羔率仅为102%。1年剪毛2次，成年公、母羊平均产毛量分别为1.9kg和1.4kg	具有适应性强、肉脂产量高、生长发育快、成熟早、肉质细嫩等优点，适于肥羔生产

（续）

品种名称	产地	外貌特征	生产性能	杂交改良特点
南江黄羊（图 2-35）	四川	被毛黄色，毛短而富有光泽，面部毛色黄黑，鼻梁两侧有一对称的浅色条纹，公羊颈部及前胸着生黑黄色粗长被毛，自枕部沿背脊有一条黑色毛带。体躯略呈圆桶形，颈长度适中，前胸深广，肋骨开张，背腰平直，四肢粗壮	成年公羊平均体重 67kg，母羊 45kg；产肉性能好。在放牧无任何补饲条件下，6 月龄宰前体重 21.3kg，胴体重 9.6kg，屠宰率 45.1%，净肉率 29.63%；1 岁体重 25.9kg，屠宰率 48.6%。性成熟早，母羊 6 月龄可配种，终年发情，可 1 年产 2 胎，平均产羔率 207.8%，有较好的泌乳能力。皮板致密，坚韧性好，面积大，是皮革工业的优质原料	南江黄羊生长发育快，四季发情，繁殖力高，泌乳性能好，抗病力强，采食性能好，耐粗饲，适应能力强，是适于山区放养的肉用型山羊新品种
蒙古羊（图 2-36）	内蒙古	体躯被毛多为白色，头、颈与四肢多有黑色或褐色斑块。短脂尾，尾长一般大于尾宽，尾尖卷曲呈 S 形。农区饲养的蒙古羊全身被毛白色，公、母羊均无角	成年公羊体重 69.7kg，母羊体重 54.2kg。成年羯羊宰前体重 44.3～67.6kg，屠宰率 52.3%～54.3%。6～8 月龄性成熟，初配年龄为 1.5～2 岁，产羔率 105%左右。毛被为异质毛，剪毛量成年公、母羊分别为 1.5～2.2kg、1～1.8kg	具有生活力强，适于游牧，耐寒、耐旱等特点，并有较好的产肉、产脂性能
大足黑山羊（图 2-37）	重庆	成年母羊体型较大，全身被毛全黑、较短，肤色灰白，体质结实，结构匀称；成年公羊体型较大，颈长，毛长而密，颈部皮肤无皱褶，少数有肉垂	成年公、母羊体重分别为 59.5kg 和 40.2kg，羔羊初生重公、母羔分别达 2.2kg 和 2.1kg；初产母羊产羔率达到 218%，经产母羊双羔率达 272%，基本可以做到 2 年产 3 胎；羔羊成活率不低于 95%。成年羊屠宰率不低于 43.48%，净肉率不低于 31.76%；成年羯羊屠宰率不低于 44.45%，净肉率不低于 32.25%	具有生长发育快、产肉性能和皮板品质好的特点

图 2-32　小尾寒羊

图 2-33　湖羊

图 2-34　乌珠穆沁羊

图 2-35　南江黄羊

图 2-36　蒙古羊

图 2-37　大足黑山羊

（二）肉毛兼用羊品种

国内常见肉毛兼用羊品种包括中国美利奴羊、新疆细毛羊、东北细毛羊和考力代羊（表 2-8）。

表 2-8　常见肉毛兼用羊品种

品种名称	产地	外貌特征	生产性能	杂交改良特点
中国美利奴羊（图 2-38）	内蒙古、新疆、吉林	全身被毛有明显的大、中弯曲，油汗含量适中，呈白色或乳白色。体质结实，体躯呈长方形	成年公羊平均体重为 91.8kg，母羊为 43.1kg。平均剪毛量，种公羊为 16.0～18.0kg，种母羊为 6.41kg。成年公羊毛长 11～12cm，母羊毛长 9～10cm；公羊体侧部 12 个月毛长 12.4cm，母羊毛长 10.2cm。净毛率 50%以上，羊毛细度 60～64 支	中国美利奴羊与其他细毛羊杂交，对羊毛品质和羊毛产量的提高有显著效果

（续）

品种名称	产地	外貌特征	生产性能	杂交改良特点
新疆细毛羊（图 2-39）	新疆	体型大，体质结实，结构匀称，少数个体眼圈、耳、唇有小色斑。公羊大多有螺旋形角，母羊无角或有小角；公羊鼻梁微隆起，母羊鼻梁平直；公羊颈部有 1～2 个皱褶，母羊有一个横皱褶或发达的纵皱褶	新疆细毛羊的种公羊毛长平均为 11.2cm；成年母羊毛长平均为 8.24cm。成年种公羊平均剪毛量为 12.42kg，净毛重 6.32kg，净毛率 50.88%；成年母羊年平均剪毛量为 5.46kg，净毛重 2.95kg，净毛率 52.28%	该品种适于干燥寒冷的高原地区饲养，具有采食性好、生活力强、耐粗饲等特点。主要用于杂交改良粗毛羊
东北细毛羊（图 2-40）	黑龙江、吉林、辽宁、内蒙古	东北细毛羊体质结实，结构匀称，体躯长，后躯丰满，肢势端正。公羊有螺旋形角，母羊无角；公羊颈部有 1～2 个横皱褶，母羊有发达的纵皱褶。被毛密，弯曲正常。被毛白色，闭合性良好，羊毛覆盖头部至两眼连线、前肢至腕关节、后肢至飞节，腹毛呈毛丛结构	成年公羊体重 100kg 左右，母羊体重 51kg 左右。公羊剪毛量为 13.44kg，母羊为 6.10kg；羊毛长度成年公羊为 9.33cm，母羊为 7.37cm；羊毛细度以 60 支和 64 支为主。屠宰率成年公羊为 43.6%，不带羔的成年母羊为 52.4%，10～12 月龄的当年公羔为 38.8%。初产母羊的产羔率为 111%，经产母羊为 125%	1974 年以后，东北细毛羊导入了澳洲美利奴羊等良种细毛羊的血液，同时改善了饲养条件，其品质获得了较大改善
考力代羊（图 2-41）	新西兰	公、母羊均无角，头宽但不很大，额上覆盖羊毛；颈短而宽，背腰宽平，后躯发育良好；四肢结实，长度中等；全身被毛白色，头、耳、四肢带黑斑，嘴唇及蹄为黑色	成年公羊体重 85～115kg，母羊 50～65kg；1 岁公羊体重 50kg，母羊 38kg。屠宰率成年羊达 52%。具有良好的早熟性，4 月龄体重 35～40kg，但肉的品质中等。剪毛量成年公羊为 8.0～12.2kg，母羊为 5.0～6.0kg。产羔率 115%～140%	用于改良蒙古羊、西藏羊等，使本地羊质量的改善和新品种类群羊的培育均获得明显效果

图 2-38　中国美利奴羊

图 2-39　新疆细毛羊

图 2-40　东北细毛羊

图 2-41　考力代羊

（三）毛用羊品种

毛用品种有澳洲美利奴羊，绒用品种为辽宁绒山羊。

1. 澳洲美利奴羊　澳洲美利奴羊（图 2-42）是世界上著名的细毛羊品种。根据其体重、羊毛长度和细度等指标的不同，澳洲美利奴羊分为超细型、细毛型、中毛型和强毛型 4 种类型。我国从 1972 年以来，先后多次引进澳洲美利奴羊，用于新疆细毛羊、东北细毛羊、内蒙古细毛羊品种的导血杂交和中国美利奴羊的杂交育种，对于改进我国细毛羊的羊毛品质和提高净毛产量方面起到重要作用，取得了良好效果。

图 2-42　澳洲美利奴羊

（1）外貌特征　澳洲美利奴羊体型近似长方形，腿短，体宽，背部平直，后躯肌肉丰满，羊毛覆盖头部至两眼连线、前肢至腕关节或以下、后肢至飞节或以下。

（2）生产性能　澳洲美利奴羊不同类型的生产性能见表 2-9。

表 2-9　不同类型澳洲美利奴羊的生产性能

类型	成年羊体重（kg）		剪毛量（kg）		羊毛细度（支）	毛长（cm）	净毛率（%）
	公羊	母羊	公羊	母羊			
超细型	50～60	34～40	7～8	4～4.5	70～80	7～7.5	58～63
细毛型	60～70	38～42	7.5～8.5	4～5	64～70	7～10	63～68
中毛型	65～90	40～44	8～12	5～6	60～64	9～13	62～65
强毛型	70～100	42～48	8.5～14	5～6.5	58～60	9～13	60～65

2. 辽宁绒山羊　辽宁绒山羊（图 2-43）原产于辽宁省，属绒肉兼用型品种，是我国

绒山羊品种中产绒量最高的优良品种。该品种具有产绒量高（产绒量居全国之首）、绒纤维长、粗细适中，以及体型壮大、适应性强、遗传性能稳定、改良低产山羊效果显著等特点，是我国重点畜禽遗传保护资源。辽宁绒山羊种用价值极高，尤其对内蒙绒山羊新品系的形成贡献显著。

图 2-43　辽宁绒山羊

（1）外貌特征　辽宁绒山羊公、母羊均有角，有髯，公羊角发达，向两侧平直伸展，母羊角向后上方。额顶有自然弯曲并带丝光的绺毛。体躯结构匀称，体质结实，呈倒三角形状。四肢较短，蹄质结实，短瘦尾，尾尖上翘。被毛为全白色，外层为粗毛，且有丝光光泽，内层为绒毛。

（2）生产性能　成年公羊体重在 80kg 左右，母羊在 45kg 左右。成年公羊平均产绒量 540g，最高可达 1 375g；成年母羊平均产绒量 470g，最高达 1 025g。山羊绒自然长度 5.5cm，伸直长度 8～9cm，平均细度 17μm 左右，净绒量 70%以上。公、母羊 7～8 月龄开始发情，1 岁产羔，母羊平均产羔率 120%～130%。成年羯羊屠宰率 50%左右。

（四）乳用羊品种

乳用品种包括萨能奶山羊、关中奶山羊和东弗里生羊（表 2-10）。

表 2-10　常见乳用羊品种

品种名称	产地	外貌特征	生产性能
萨能奶山羊（图 2-44）	瑞士	被毛白色，毛尖偶有土黄色；随年龄的增长，鼻端和乳房常出现深色斑点。公、母羊均有角，部分个体颈下有一对肉垂。公羊颈粗短，母羊颈扁而长，胸宽而深，背腰平直，尻部宽长，乳房大而发育良好，四肢长	一般泌乳期 8～10 个月，泌乳 600～1 200kg，乳脂率 3.8%～4.0%。性成熟早，秋季发情，12 月龄开始配种，产羔率 160%～200%
关中奶山羊（图 2-45）	陕西	全身毛短色白，皮肤粉红，耳、唇、鼻及乳房皮肤上偶有大小不等的黑斑，部分羊有角和肉垂。体质结实，结构匀称，遗传性能稳定	成年公羊体重 65kg 以上，母羊体重不少于 45kg。母羊泌乳量好，高的可达 700kg，乳脂率 3.8%～4.3%。公、母羊均在 4～5 月龄性成熟，一般 5～6 月龄配种，性周期 21d。母羊妊娠期 150d，平均产羔率 178%。初生公羔体重 2.8kg 以上，母羔 2.5kg 以上。种羊利用年限 5～7 年

（续）

品种名称	产地	外貌特征	生产性能
东弗里生羊	荷兰、德国	乳用羊体型大，体躯结构良好，公、母羊均无角。被毛白色，偶有纯黑色个体。体躯宽而长，腰部结实，肋骨拱圆，臀部略有倾斜，长瘦尾，无绒毛。乳房结构优良，宽广，乳头良好	成年公羊体重 90～120kg，母羊 70～90kg。成年母羊泌乳 260～300d，泌乳量 550～810kg，乳脂率 6%～6.5%，产羔率 200%～230%。剪毛量成年公羊 5～6kg，成年母羊 3.5～4.5kg。羊毛同质，成年公羊毛长 20cm，成年母羊毛长 16～20cm，羊毛细度 46～56 支，净毛率 60%～70%

图 2-44　萨能奶山羊

图 2-45　关中奶山羊

四、羊的外貌鉴定及杂交组合

本节介绍了羊体各部位名称、羊的体尺测量与体重估测、羊的年龄鉴定、羊的外貌特征和常用杂交组合。

（一）羊体各部位名称

羊体可分为头颈部、鬐甲、背腰部、胸部、腹部和四肢等。绵羊体各部位名称见图 2-46，山羊体各部位名称见图 2-47。

1. 头颈部　毛用羊的头较长，面部较大，颈部一般有 2～3 个皮肤皱褶；肉用羊的头短而宽，颈部较短无皱褶，肌肉和脂肪发达，呈宽的方圆形。

2. 鬐甲　毛用羊的鬐甲大多比背线高；肉用羊的鬐甲宽，与背部水平。

3. 背腰部　毛用羊的背腰部较窄；肉用羊背腰平直，宽而多肉。

4. 胸部　毛用羊胸腔长而深，容量较大；肉用羊的胸腔宽而短，容量较小。

5. 腹部　绵羊要求腹线与背线平行。腹部下垂的称为“垂腹”，属于一种缺陷，是因在幼龄阶段饲喂大量粗饲料所致，也与凹背有关。

6. 四肢　羊的品种不同，四肢高矮也有差异，要求羊的肢势直立、端正。不得有 X

形腿、O 形腿和刀状腿等。

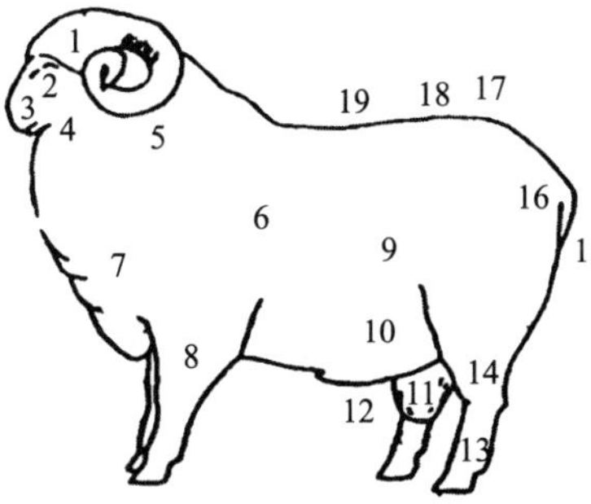

图 2－46　绵羊体各部位名称

1. 头　2. 眼　3. 鼻　4. 嘴　5. 颈　6. 肩　7. 胸　8. 前肢　9. 体侧　10. 腹
11. 阴囊　12. 阴筒　13. 后肢　14. 飞节　15. 尾　16. 臀　17. 腰　18. 背　19. 鬐甲

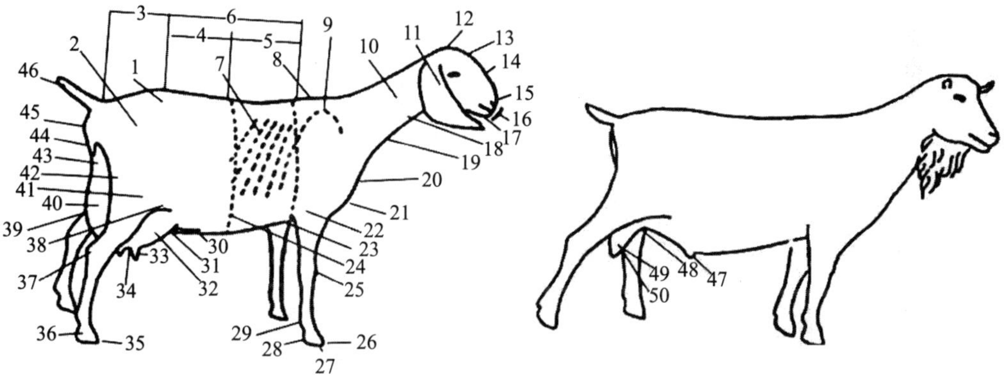

图 2－47　山羊体各部位名称

1. 腰角　2. 髋部　3. 尻部　4. 腰部　5. 脊部　6. 背部　7. 肋部　8. 鬐甲部　9. 肩胛部　10. 颈部　11. 耳
12. 头顶部　13. 额　14. 鼻梁　15. 鼻孔　16. 口笼　17. 颌部　18. 喉部　19. 垂部　20. 肩角　21. 前胸
22. 肘端　23. 胸基　24. 躯深　25. 膝　26. 趾　27. 蹄底　28. 蹄踵　29. 悬蹄　30. 乳静脉　31. 前乳房附着部
32. 乳房前部　33. 乳头　34. 乳基　35. 蹄　36. 系部　37. 飞节　38. 胁部　39. 中悬韧带　40. 乳房后部
41. 后股　42. 股部　43. 后乳房附着部　44. 乳镜　45. 臀端　46. 尾　47. 包皮　48. 乳头痕迹　49. 阴囊　50. 睾丸

（二）羊的体尺测量与体重估测

1. 羊的体尺测量　一般在羊的 3 月龄、6 月龄、12 月龄和成年四个阶段进行体尺测量，通过体尺测量可以了解羊的生长发育情况。测量时，场地要平坦，羊站立姿势要端正。常用测量工具有测杖、卷尺和圆形测定器。测量指标（图 2－48）根据目的而定，但必须熟悉主要的测量部位和基本的测量方法。测量指标主要包括：

（1）体高（鬐甲高）　指鬐甲最高点至地面的垂直距离。

（2）体长（体斜长）　指肩端最前缘至坐骨结节后缘的距离。

（3）胸围　指在肩胛骨后缘绕胸一周的长度。

（4）管围　指左前肢管骨最细处的水平周径。

（5）十字部高　指十字部至地面的垂直距离。

（6）腰角宽　指两侧腰角外缘间距离。

（7）胸宽　指肩胛最宽处左右两侧的直线距离。

（8）胸深　指肩胛最高处至胸突的直线距离。

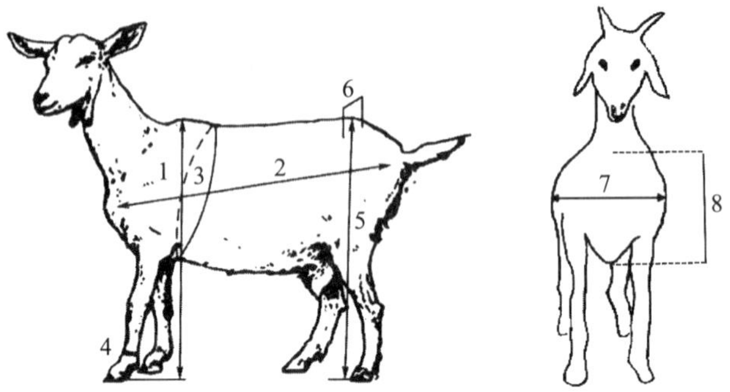

图 2-48　羊主要体尺测量指标

1. 体高　2. 体长　3. 胸围　4. 管围　5. 十字部高　6. 腰角宽　7. 胸宽　8. 胸深

2. 羊的体重估测　计算公式如下：

羊的体重（kg）＝羊的体斜长（cm）×［胸围（cm）］^{2}÷10 800

（三）羊的年龄鉴定

羊在无耳号情况下，可以通过牙齿的更换、磨损情况鉴别年龄。

1. 乳齿和永久齿的数目　幼年羊乳齿共 20 枚，乳齿较小，颜色较白，长到一定时间后开始脱落，之后再长出的牙齿称永久齿，共 32 枚。永久齿较乳齿大，颜色略发黄。

2. 牙齿更换、磨损与年龄变化　羊没有上门齿，有下门齿 8 枚、臼齿 24 枚，分别长在上、下两边牙床上，中间的一对门齿称切齿，从两切齿外侧依次向外形成内中间齿、外中间齿和隅齿。1 岁前，羊的门齿为乳齿，永久齿没有长出；1～1.5 岁时，乳齿的切齿更换为永久齿，称为“对牙”；2～2.5 岁时，内中间乳齿更换为永久齿并充分发育，称为“四牙”；3～3.5 岁时，外中间乳齿更换为永久齿，称为“六牙”；4～4.5 岁时，乳隅齿更换为永久齿，此时全部门齿已更换整齐，称为“齐口”；5 岁时，牙齿磨损，齿尖变平；6 岁时，齿龈凹陷，有的开始松动；7 岁时，门齿变短，齿间隙加大；8 岁时，牙齿有脱落现象。

（四）羊的外貌特征

1. 肉用羊外貌特征　肉用羊躯体粗圆，臀、后腿和尾部丰满，其他产肉部位肌肉分布广而多，骨骼较细，皮薄而富有弹性，被毛着生良好且富有光泽。头较大，口方，眼大而明亮，额宽而丰满，耳纤细、灵活。颈部较粗，颈、肩结合良好，符合品种特征。四肢直立结实，腿短且间距宽，管部细致，胸宽深，胸围大。背、腰宽而平，长度适中，肌肉丰满。肋骨开张良好，长而紧密。腹底成直线，腰荐结合良好，臀部长、平、宽，大腿肌肉丰满，后裆开阔，生殖器官发育正常，无繁殖功能障碍。乳房明显，乳头粗细、长短适中。

2. 毛用羊外貌特征 毛用羊头颈较长，鬐甲高但窄，胸长而深但宽度不足，背、腰平直但不如肉用羊宽，中躯容积大，后躯发育不如肉用羊好，四肢相对较长。公羊颈部有2～3个发育完整的横皱褶，母羊为纵皱褶，体躯上也有较小的皮肤皱褶。头毛着生至两眼连线，并有一定长度，呈毛丛结构，似帽状。四肢有毛着生，前肢到腕关节，后肢至飞节。

3. 乳用羊外貌特征 乳用山羊的前躯较浅窄，后躯较深宽，整个体躯呈楔形。全身细致紧凑，各部位轮廓非常清晰，头小额宽，颈薄而细长，背部平直而宽，胸部深广，四肢细长强健，皮肤薄而富有弹性，毛短而稀疏。产乳量高的奶山羊，乳房的形状呈扁圆形或梨形，丰满而体积大，皮肤薄细而富有弹性，没有粗毛，仅有很稀少而柔软的细毛。乳头大小适中，略倾向前方。

（五）常用杂交组合

我国主要养羊地区常用的杂交品种组合见表2-11。

表2-11 我国主要养羊地区常用的杂交品种组合

地区	杂交组合
新疆	黑头萨福克羊×粗毛羊（阿勒泰羊、哈萨克羊、巴什拜羊）；萨福克羊、杜泊羊×多浪羊；萨福克羊×小尾寒羊；德国肉用美利奴羊×细毛羊；杜泊羊、萨福克羊×湖羊（小尾寒羊）；萨福克羊×（小尾寒羊×粗毛羊）；杜泊羊×（小尾寒羊×蒙古羊）；瓦格吉尔羊×小尾寒羊
重庆	波尔山羊×巫山黑山羊（大足黑山羊）；四川简阳大耳羊×武隆板角山羊
贵州	努比亚山羊×贵州黑山羊；黔北麻羊×（南江黄羊×黔北麻羊）
云南	波尔山羊×师宗黑山羊（文山黑山羊、楚雄黑山羊）
甘肃	无角陶赛特羊（黑萨福克羊）×甘肃高山细毛羊；无角陶赛特羊、波德代羊×藏羊；南非美利奴羊、无角陶赛特羊、特克赛尔羊、杜泊羊、澳洲白羊×小尾寒羊（甘肃高山细毛羊）；萨福克羊×无角陶赛特羊×小尾寒羊；萨福克羊×本地羊×小尾寒羊
青海	无角陶赛特羊、特克赛尔羊、杜泊羊及波德代羊×藏羊；小尾寒羊×欧拉型藏羊
吉林	南非肉用美利奴羊×东北细毛羊；杜泊羊×小尾寒羊
辽宁	无角陶赛特羊、萨福克羊、杜泊羊×小尾寒羊；无角陶赛特羊×夏洛来羊×小尾寒羊
安徽	波尔山羊×萨能奶山羊×安徽白山羊；波尔山羊×（波尔山羊×安徽白山羊）
河北	无角陶赛特羊、萨福克羊、特克赛尔羊、德国美利奴羊×小尾寒羊
内蒙古	巴美肉羊（杜泊羊）×小尾寒羊；南非美利奴公羊×本地细杂母羊；杜泊羊×蒙古羊

（续）

地区	杂交组合
上海	波尔山羊×崇明白山羊
湖北	波尔山羊×麻城黑山羊
河南	杜泊羊、东弗里生羊、萨福克羊×小尾寒羊（湖羊）
陕西	萨福克羊×无角陶赛特羊×陕北细毛羊
山西	特克赛尔羊×欧拉型藏羊×小尾寒羊；特克赛尔羊×山西本地羊；（夏洛来羊×山西本地羊）×南非肉用美利奴公羊
山东	巴美肉羊×洼地绵羊；杜泊羊×小尾寒羊
江苏	杜泊羊×湖羊
宁夏	萨福克羊、杜泊羊×小尾寒羊
四川	波尔山羊×（波尔山羊×本地羊）；南江黄羊×本地羊

注：“×”代表杂交，×前面代表公羊，×后面代表母羊；“（×）”代表与其后代进行杂交。

03 第三章

牛羊常用饲料识别与利用

饲料类型与品质直接影响畜牧生产中牛羊的生产性能和生长发育。在规模化养殖中，牛羊饲料所占的成本要占全部成本的60%以上。因此，是否可以合理地利用各种类型的饲料，直接关系到牛羊养殖的经济效益。为了充分发挥牛羊的生产潜能，提高饲料在其体内的利用率和转化率，并获得优质畜产品，从业者必须掌握各类饲料的营养特性，才能提高牛羊养殖水平，增加养殖收入。

一、常用饲料的识别及营养特性

（一）粗饲料

粗饲料是指干物质中粗纤维含量大于18%的饲料，主要包括秸秆类、干草类、树叶类等。这类饲料的共同特点是体积大、难消化，可利用的养分少及营养价值较低，但其来源广、种类多、产量大、价格低。

1. 秸秆饲料 牛羊常用的秸秆饲料有稻草（图3-1）、玉米秸秆（图3-2）、小麦秸（图3-3）、豆秸、高粱秸秆等。如果直接饲喂其营养价值不高，但经过加工处理，营养物质利用率会得到较大提高。

图3-1 稻草

图 3-2　玉米秸秆

图 3-3　小麦秸

2. 干草　干草是指植物在不同生长阶段收割后干燥保存的饲草（图 3-4）。干草水分含量为 15%～20%，可抑制其酶和微生物的活性。其营养价值与牧草的种类、收割时期、调制及贮存方法有关。

干草包括豆科干草与禾本科干草。豆科干草中苜蓿的营养价值最高，有“牧草之王”的美称。干草制作工艺一般包括割、搂、集、垛、捆 5 个环节。

图 3-4　干草

（二）青绿饲料

青绿饲料是指含水量和维生素含量高的各种新鲜状态的饲草，包括天然牧草、人工栽培牧草、野青草、细枝嫩叶等，是一类各种营养物质相对平衡的饲料，尤其是维生素和蛋白质含量高，幼嫩多汁，易于消化，适口性好，牛羊很喜欢采食。主要包括：①豆科：紫花苜蓿（图 3－5）、三叶草（图 3－6）、草木樨、紫云英；②禾本科：青刈玉米（图 3－7）、青刈燕麦、黑麦草；③叶菜类：苦荬菜（图 3－8）、聚合草、苋菜、高秆菠菜；④水生植物：水葫芦、水花生、水浮莲；⑤非淀粉质的块根块茎类饲料：胡萝卜、叶用甜菜（图 3－9）、洋姜、蕉藕。

图 3－5　紫花苜蓿

图 3－6　三叶草

图 3－7　青刈玉米

图 3－8　苦荬菜

图 3－9　叶用甜菜

（三）青贮饲料

饲料的青贮是在厌氧环境中进行的，过程中通过使乳酸菌大量繁殖，将饲料中的淀粉和可溶性糖转变为乳酸。当乳酸达到一定浓度后，便会抑制腐败菌的生长，防止原料中的养分继续被微生物分解或消耗，从而将原料中的养分保存下来。青贮饲料（图 3－10）具有保持原料青绿时的鲜嫩汁液、扩大饲料资源、青贮过程可杀死饲料中的病菌和虫卵、破坏杂草种子的再生能力等优点。

图 3－10　青贮饲料（青贮玉米）

（四）能量饲料

能量饲料一般包括谷物籽实类、糠麸类、淀粉质块根块茎类、油脂和糖蜜等。谷物籽实类饲料的营养特性一般为：无氮浸出物含量高，粗纤维含量低，蛋白质含量低且品质较差，矿物质、维生素含量不均衡。常用的谷物籽实类饲料包括玉米（图 3－11）、小麦、大麦、高粱、燕麦和稻谷等。常用的糠麸类饲料一般有小麦麸（图 3－12）、米糠等。淀粉质块根块茎类饲料主要包括甘薯、马铃薯、木薯、南瓜、甜菜渣等。

图 3－11　玉米

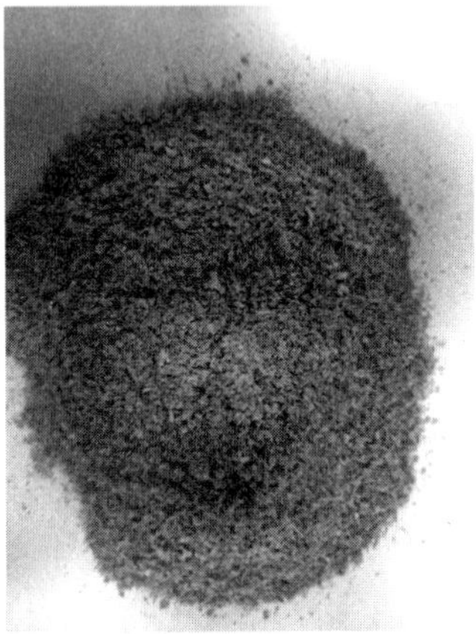

图 3－12　小麦麸

（五）蛋白质饲料

主要包括植物性蛋白质饲料、动物性蛋白质饲料、单细胞蛋白质饲料和非蛋白氮饲料。例如，使用最为广泛的饼粕类蛋白质饲料大豆粕（图 3－13），其产量大、品质好、蛋白质含量高、消化率高，是牛羊饲料中最为常用的蛋白质饲料；以及与棉籽饼和花生粕搭配使用效果较好的菜籽饼（图 3－14），其蛋白质含量高，但赖氨酸、蛋氨酸、精氨酸的含量低。

图 3－13 大豆粕

图 3－14 菜籽饼

二、粗饲料的加工调制与品质鉴定

（一）秸秆饲料的加工调制

1. 秸秆切碎 秸秆质地粗硬、适口性差，很难被瘤胃细菌分解和发酵，为了解决这个问题，必须将秸秆切碎（图 3－15）。切碎长度应视牛羊品种与年龄而定，饲喂牛一般切碎为 3～4cm，饲喂羊一般切碎为 1.5～2.5cm，老、弱以及生病牛羊和幼畜应切碎或更短一些。

图 3－15 秸秆切碎（物理加工）

2. 秸秆盐化调制 盐化是指在秸秆中加食盐处理的方法，这种加工方法十分简单。例如，调制处理100kg玉米秸秆或稻草，可以先将其铡短，再将0.6kg食盐溶解在20L水中，然后均匀地洒到秸秆或稻草堆中。铡短的秸秆或稻草要堆在有塑料薄膜铺底的平地上。为使盐水浸润草料，必须将草堆压紧，用塑料薄膜盖严，再用土将四周密封。

3. 秸秆氨化调制

（1）主要氨源 包括尿素、液氨和碳铵。

（2）主要方法

①堆垛法：在地势较高且干燥平整的地块铺设无毒的专用聚乙烯薄膜，堆垛时先在中间放一根木杠，形成注入通道，方便注氨。秸秆堆好后用无毒的专用聚乙烯薄膜盖严四周，注入秸秆干物质重量2.5%～3.5%的液氨进行氨化。

②窖池法：先将秸秆切短至2cm左右，按每吨秸秆添加50kg尿素和400～600kg水的用量，把尿素溶于水中充分搅拌，待完全溶解后分多次均匀地洒在秸秆上，一边装窖一边压实，待装满压实后用专用塑料薄膜覆盖四周并密封（图3-16），再用废旧轮胎、沙石土、细土等压好即可。

（3）品质感官评定 较好的氨化秸秆质地柔软，颜色呈棕黄色或浅褐色（图3-17），释放余氨后有糊香味。若氨化后的秸秆组织呈白色或灰色，出现发黏或结块等现象时，说明已发霉变质，不能再饲喂牛羊等反刍动物。

图3-16 窖池法氨化调制

图3-17 氨化秸秆

4. 秸秆碱化调制 一般将3kg生石灰加入200L水中配成生石灰溶液，浸泡100kg秸秆12～24h。碱化后的秸秆用清水漂洗即可饲喂牛羊等反刍动物。熟石灰也能用于碱化处理秸秆，可用4kg熟石灰加200～250L水，其使用效果相同。

5. 秸秆微化调制

（1）制作过程 先将秸秆铡短，饲喂牛时一般铡短为3～4cm。常用于制作秸秆发酵剂（图3-18）的微生物菌种有纤维毛壳菌、木素木霉、解脂假丝酵母、白腐真菌及黑曲霉等。按商品销售的秸秆发酵剂每袋1kg，可处理玉米秸秆、麦秸或稻草1 000kg。其中，在处理青玉米秸秆时不用加水，处理玉米秸秆时加水800L，处理麦秸、稻草加水1 200L。拌好发酵剂的秸秆装入窖内，依次用塑料薄膜、帆布蒙盖窖口进行封窖。

(2) 开窖时间　室外气温20℃左右，需要密封30d，秸秆质地变软，具有酸香和酒味，即可开窖取用。

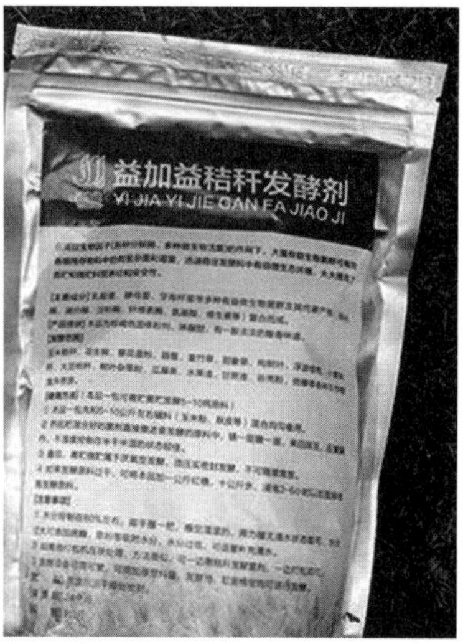

图3-18　秸秆发酵剂

(二) 青干草的加工调制

1. 青干草的加工　将豆科、禾本科牧草在质量好和产量高的时期进行刈割，然后加工调制成优质饲草。牧草干燥方法分为自然干燥和人工干燥。

干草调制时应及时掌握天气情况，应在晴天刈割、晾晒，尽量减少雨淋，避免翻动造成叶片掉落以及长时间暴晒、雨淋造成的营养损失。

2. 青干草的贮存　青干草一般贮存在干草棚(图3-19)，干草棚主要起到防雨、防潮、防日晒、通风的作用。干草棚应建在地势相对较高的地方，有利于排水，棚内地面要高于周边地面15cm左右，避免雨水流入棚内。干草棚高度以4～5m为宜，建造草棚的钢材、彩钢瓦等建筑材料质量要符合国家标准。青干草贮存要加强日常管理，做好防水、防潮、防霉、防火、防鼠害和污染，减少不必要的损失。

图3-19　干草棚(人工干燥)

3. 青干草的质量评定　青干草的含水量应在15%～17%，当用手紧握时发出沙沙的响声、草束反复折曲时易断、叶片干而卷曲时，可堆垛永久保藏。优质青干草的颜色应是深绿色，并具有浓郁的芳香味；如果发黄，无香味，则是劣质青干草。青干草中的豆科牧草越多，其品质越好。如果豆科牧草的比例超过5%则是优等，不可食用草的含量越高，青干草的品质越差。青干草中，植物叶子的含量越多，说明青干草的养分损失越少，一般植物叶片损失在5%以下的为优等（图3-20），叶片损失10%～15%的为中等，叶片损失15%以上的为劣等。

图3-20 优等青干草

三、青贮饲料的加工调制与品质鉴定

（一）青贮方式

1. 青贮窖 常见的青贮窖多为地下式（图3-21）或半地下式。合理的圆筒形窖壁应倾斜，窖口大、底口小，成窖后呈漏斗形，窖深为2～3m、直径1.5～2m、地上高0.5～1m。

图3-21 地下式青贮窖

青贮窖存放青贮饲料的数量取决于入窖原料的种类。用全株玉米制作青贮，密度为500～550kg/m³；用去穗的玉米秸秆制作青贮，密度为450～500kg/m³；用人工栽培牧草或野生牧草制作青贮，密度为550～600kg/m³。用机器镇压可提高单位体积重量，计算贮存容量时主要根据窖形选择不同的计算方法。

①圆筒形窖：贮存容量＝半径²×3.14×深度×每立方米青贮的重量（密度）。

例如：深2m、直径3m的圆筒形窖能贮存秸秆的容量＝1.5²×3.14×2×500＝7 065（kg）。

②方形窖：贮存容量＝长度×宽度×深度×每立方米青贮的重量（密度）。

例如：长70m、宽5m、深6m的方形窖能贮存野生牧草的容量＝70×5×6×600＝1 260 000（kg）。

2. 青贮壕 呈长条形（图3－22），壕沟两端呈斜坡，沟底逐渐升高至与地面平行，用混凝土砌末沟的底部及两侧墙壁，青贮量较大时，可采用青贮壕。青贮壕贮存容量＝长度×宽度×深度×每立方米青贮的重量（密度）。例如：长30m、宽6m、深4.5m的青贮壕能贮存全株青贮玉米（密度为500～550kg/m³）的容量＝30×6×4.5×550＝445 500（kg）。青贮壕相比青贮窖更便于大规模机械化操作。

图3－22 青贮壕

3. 青贮塔 是节省地面且高效的贮存设施（图3－23），因其造价很高，目前基本沿用旧塔，很少建新塔。

图3－23 青贮塔

4. 青贮堆 具体操作是选择地势平坦且干燥的硬化地面，铺上青贮专用塑料布，青贮堆四边呈斜坡状，便于拖拉机操作，然后把青贮料逐层堆放在塑料布上，并用拖拉机逐层压实，等青贮堆压实之后，用青贮专用塑料布封盖好整个青贮堆，四周用沙土压实。为防止塑料布被大风掀开，一般采用旧轮胎或沙袋将塑料布顶部压实（图 3－24）。

图 3－24 青贮堆

5. 裹包青贮 指采用青贮专用拉伸膜，将秸秆捆通过专业机械缠膜（图 3－25），缠膜后将秸秆捆运送至指定堆放地点进行贮存，待发酵 40～45d 后即可饲喂牛羊。通过引进现代化农机装备可解决目前人工装袋、压紧时效率低的问题。

图 3－25 裹包青贮

（二）青贮饲料制作

青贮饲料是由含水分多的植物性饲料经过揉丝切碎、压实、密封，发酵而成，其制作工艺一般包括：原料的收获、含水率调节、切碎、压实、密封。

1. 原料的收获和含水率调节 以青贮玉米制作为例，整株玉米青贮最适合收割期为蜡熟期（图3-26）。腊熟期的判断方法：玉米即将成熟，籽粒的乳线在籽粒中间位置。收果穗后的玉米秸秆青贮，宜在玉米茎叶下部仅有1～2片叶变黄时进行收割。此外，应避免在雨季收割，防止影响青贮饲料品质。

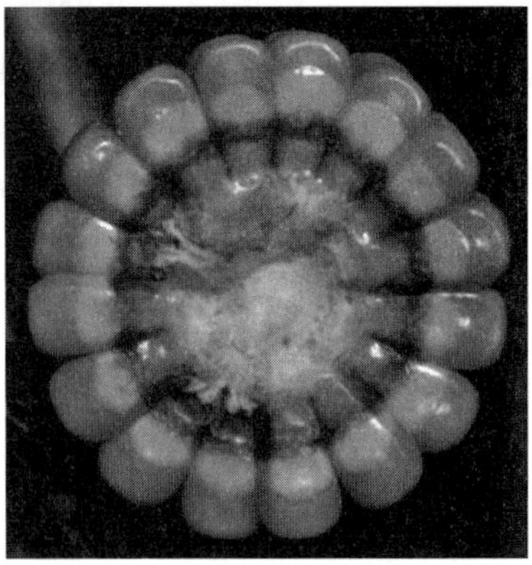
图3-26 腊熟期玉米

为获得优质青贮饲料，禾本科牧草最适宜含水率为65%～75%，豆科牧草最适宜含水率为60%～70%。生产实践中通常是抓一把切碎的青贮原料样品，在手里攥紧1min后松开，通过观察团块情况，判断其含水率（表3-1）。

表3-1 常见青贮原料含水率估测

青贮原料团块情况	含水率（%）
捏后成型，有大量汁液渗出	>75
捏后成型，有较少汁液渗出	70～75
原料慢慢散开，无汁液渗出	60～70
迅速散开	<60

2. 原料的切碎、压实、密封 禾本科牧草和豆科牧草切至2～3cm，玉米、向日葵等粗茎植物切至0.5～2cm。装填原料时必须层层压实，装填完毕后立即密封。

（三）青贮饲料的质量评定

1. 颜色 越接近原料的颜色，表明青贮饲料发酵得越好。优等青贮饲料颜色呈黄绿色，中等青贮饲料呈黄褐色或褐绿色，劣等青贮饲料为褐色或黑色。

2. 气味 正常青贮饲料有酒香气，并略有果酸味。酸味浓烈者，则含醋酸较多，品质较差。有霉腐并带丁酸、氨味者，不宜饲喂牛羊。

3. 质地 品质好的青贮饲料在青贮窖等青贮设施中虽被压得非常紧实，攥在手里却是松散柔软，略带潮湿，不粘手，茎、叶、花仍能辨认清楚。若团块发黏、分不清原有结构或过于干硬，均为劣等青贮饲料。

（四）青贮饲料的饲喂

青贮饲料一般在封窖45d后完成发酵过程，之后便可启封饲喂，每次取用后应及时密封，尽量避免其与空气接触。成年奶牛青贮饲料饲喂量为15～25kg/d，肉牛饲喂量为10～20kg/d，羊饲喂量为2.5～4kg/d。

四、配合饲料的分类及饲料标签的识别

（一）牛羊配合饲料的分类和识别

1. 精料补充料 是指单位体积或单位重量内含营养成分丰富、粗纤维含量低、消化率高的一类饲料，具体包括能量饲料（60%～70%）、蛋白质饲料（20%～25%）、矿物质饲料（3%～5%）、饲料添加剂、稀释剂或载体。需要注意的是，饲喂时，为了满足牛羊的全部营养需要，必须将精料补充料和粗料（粗饲料、青绿饲料、青贮饲料）进行合理搭配，不能只喂精料补充料，否则会造成瘤胃酸中毒。

2. 浓缩饲料 是指蛋白质饲料、矿物质饲料、饲料添加剂、稀释剂或载体混合而成的配合料，去掉精料补充料中的能量饲料就是浓缩料，因此在使用时需要另外配合能量饲料和粗料。

3. 复合预混料 其主要成分为饲料添加剂和稀释剂或载体，饲料添加剂包括两类：营养性添加剂（分为微量元素类、维生素类、氨基酸类）、非营养性添加剂（如防霉剂、诱食增香剂等）。厂家生产时会将上述添加剂用稀释剂（指无机物类，如用作补钙的石灰、石粉等）或载体（指有机物质类，如粗糠等）预先混合均匀。

（二）牛羊配合饲料的选择与搭配

（1）若购买精料补充料，需要将购买的精料补充料和粗料进行合理搭配。一般饲喂育肥期牛羊时搭配的精饲料较多，精粗比最高不超过 6∶4，妊娠期、哺乳期的牛羊则要视情况合理调整精粗比，如妊娠前期少加精料补充料，妊娠后期和哺乳期则要多加精料补充料。

（2）若购买浓缩料，饲喂时需要再搭配能量饲料和粗料，一般结合实际情况参照饲料标签进行配制。例如，每配制 100kg 全价料，育肥前期需要用 40kg 浓缩料搭配 50kg 玉米和 10kg 麸皮混合均匀后使用；育肥中期需要用 35kg 浓缩料搭配 55kg 玉米和 10kg 麸皮混合均匀后使用；育肥后期需要用 30kg 浓缩料搭配 70kg 玉米混合均匀后使用（表 3－2）。

表 3－2 肉牛、肉羊浓缩料推荐配方

饲喂阶段	配合比例（%）		
	浓缩料	玉米	麸皮
育肥前期	40	50	10
育肥中期	35	55	10
育肥后期	30	70	—

注：“—”表示不添加。

（3）若只购买预混料，需要搭配能量饲料、蛋白质饲料和粗料使用，可结合实际情况，参考预混料饲料推荐配方进行配制。例如，每配制 100kg 肉羊全价料，需要用 44kg

玉米、20kg 豆粕、30kg 草粉、4kg 益菌肽搭配 2kg 牛羊复合预混料混合均匀后使用；每配制 100kg 肉羊精料补充料，需要用 60kg 玉米、23kg 豆粕、15kg 益菌肽搭配 2kg 牛羊复合预混料混合均匀后使用；每配制 100kg 肉牛精料补充料，需要用 60kg 玉米、25kg 豆粕、13kg 益菌肽搭配 2kg 牛羊复合预混料混合均匀后使用（表 3 - 3）。

表 3 - 3　2%牛羊复合预混料推荐配方（%）

配方	玉米	豆粕	草粉	益菌肽	牛羊复合预混料
肉羊全价料	44	20	30	4	2
肉羊精料补充料	60	23	0	15	2
肉牛精料补充料	60	25	0	13	2

04 第四章 牛羊饲养管理

牛羊饲养不同于其他动物，因为它们可以利用大量的作物秸秆，过腹还田，是实现农业生态循环绿色发展的重要组成部分，发展空间很大。我国牛羊养殖遍布各个乡村，但普遍存在饲养规模小、养殖水平低的问题。因此，要取得良好的经济效益，必须对牛羊进行科学的饲养管理。

一、牛的饲养管理

（一）犊牛的饲养管理

犊牛是指出生至6月龄的牛。

1. 哺乳犊牛的饲喂

（1）初乳的饲喂　前两次饲喂母乳，以后饲喂混合常乳。犊牛出生1h内进行第一次喂初乳，用初乳灌服器（图4-1）或灌服袋（图4-2）人工灌服4kg优质母乳。间隔12h进行第二次喂初乳，用奶瓶或灌服器人工灌服2kg优质母乳。

图4-1　灌服器

图4-2　灌服袋（人工灌服）

（2）混合常乳、精料补充料、干草、水的饲喂

①常乳

A. 五定原则：定时、定温、定量、定质、定人。

B. 奶温：要求38℃，冬季须加热后饲喂，其他季节牛乳挤出后可直接饲喂，如有剩余牛乳，须冷却或巴氏消毒后再用。

C. 开始饲喂时间：喂两次初乳后，便可喂常乳。

D. 饲喂次数：每天2～3次。

②精料补充料：犊牛出生后4日龄开始诱导采食精料补充料。先将饲料放在口中、鼻端任其舔食，每天10～20g，数日后增加至80～100g，逐渐改为自由采食。

③干草：犊牛40日龄后开始自由采食优质干草，干草要预铡至5～15cm。

④水：犊牛30日龄内饮温水，在饲喂牛乳后1h，每头牛饮水1～2kg。犊牛30日龄后自由饮常温水，缺少饮水会限制犊牛的干饲料进食量并减缓其瘤胃发育。此时，每个犊牛栏应有水盆、料盆、草盆（图4－3）。

图4－3　犊牛栏

不同日龄犊牛饲喂方法可参考表4－1。

表4－1　不同日龄犊牛饲喂方法

犊牛日龄（d）	牛乳类别	饲喂量（kg）	饲喂方法		
			精料补充料	干草	水
1	初乳	2～4	—	—	—
2～14	常乳	3～4	诱导采食，逐渐增量至自由采食	—	适量饮水
15～30	常乳	5	自由采食	—	适量饮水

（续）

犊牛日龄（d）	牛乳类别	饲喂量（kg）	饲喂方法		
			精料补充料	干草	水
31～56	常乳	5～6	自由采食	适量采食	自由饮水
57～60	常乳	3	自由采食	自由采食	自由饮水
60	常乳	0	自由采食	自由采食	自由饮水

注：“—”表示不饲喂。

（3）酸化乳的饲喂　牛乳中添加食品级甲酸，使牛乳 pH 控制在 4～4.5，可杀死牛乳中的细菌，提高常温下牛乳的存放时间。饲喂初乳后，可以逐渐用酸化乳饲喂犊牛，自由饮用。一牛一桶或多牛一桶（多吸嘴喂奶桶）（图 4-4），吸嘴防漏。

图 4-4　多吸嘴喂奶桶

（4）犊牛生长的理想指标　56～60 日龄，体重达到初生重的 2 倍，或日增重在 850g 以上，且健康无疾病。

2. 哺乳犊牛的管理

（1）用具清洗　每天、每餐喂奶后清洗奶壶、奶盆等，清洗完倒置沥干，周围环境清扫干净。

（2）保持卫生　犊牛栏每天清理 2 次，保持栏内干燥。如犊牛发生腹泻应随时清理粪污，这样可以有效减少蚊虫和细菌的滋生，减少疾病传播。

（3）清理垫料　新生犊牛区，犊牛转出后垫料等全部清理干净，栏内消毒，晾干备用。

（4）打耳标　犊牛出生后佩戴耳标（图 4-5），耳标内容为年、月、日＋序号，双侧耳标，位置约在耳中间偏内侧。

（5）去角　犊牛出生后 2 周左右去角，目前多采用去角膏去角，也可采用电烙铁去角。

（6）消毒　犊牛栏每周消毒 1 次，夏季每周 2 次，疾病发生期间每天 1 次。选用无味无刺激的消毒液。

（7）防暑、保温　夏季防暑，室外有遮阴设施，室内有风扇，保证通风良好；冬季保

图 4 - 5　耳标

温，30 日龄内犊牛室内有取暖设施，30 日龄后应防贼风，防雨雪打湿犊牛皮肤背毛。

（8）称重　犊牛在出生、断奶或转群时称重。

（9）断奶及转群　断奶后在犊牛栏内继续饲养 5d，65 日龄后转入断奶犊牛群，转群时不可单一转群，最好 5 头以上集中转群，冬季可延后 5d 断奶。

（10）填写记录表　及时填写喂奶记录、断奶称重记录等信息（表 4 - 2）。

表 4 - 2　犊牛信息记录表

犊牛耳标号	出生日期	性别	初生重	喂初乳量	断奶日期	断奶重	转群日期	转群时健康状态	责任人签字	备注

3. 断奶犊牛的饲喂

（1）精料补充料参考配方　玉米 50%，豆粕 27%，麸皮 15%，酵母培养物 3%，预混料 5%。

（2）饲喂方法　对于 60～180 日龄的犊牛，精料补充料可自由采食，每次添加前不可空槽，防止犊牛暴食引发前胃疾病。优质燕麦草或羊草自由采食，少喂勤添。

（3）自由饮水　冬季采用自动控温水槽（图 4 - 6），水温控制在 17℃左右，水槽要清洁干净，水质应新鲜。

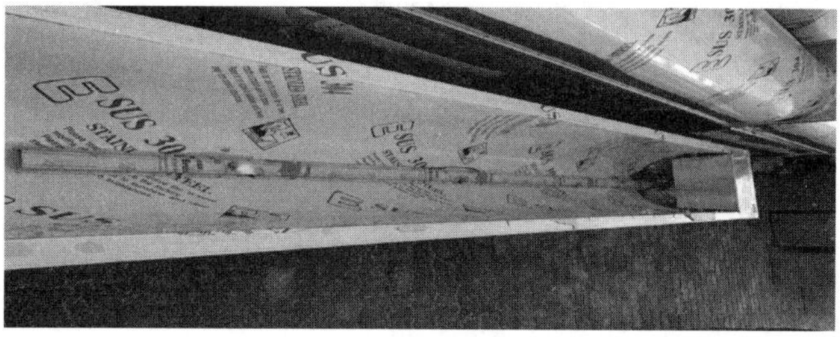

图 4 - 6　自动控温水槽

4. 断奶犊牛的管理

(1) 保持卫生　运动场或休息区每天 2 次清粪，保持干净和干燥。

(2) 控制饲养密度　一般每头犊牛占地 7～8m^2 较为舒适，密度适中，犊牛生长快；密度过大，犊牛易患皮肤病、呼吸系统疾病。

(3) 铺设垫料　最好铺沙子作为垫料，也可用土。保持垫料干燥，避免潮湿泥泞。

(4) 驱虫　春、秋季 2 次，皮下注射乙酰氨基阿维菌素注射液，剂量为 1mL（以 50kg 体重计）。

(5) 防疫　采用口蹄疫 O 型- A 型二价苗。采用深部肌内注射，剂量按说明书使用，每 4 个月注射 1 次。

(6) 消毒　每周消毒 1 次，夏季每周消毒 2 次，疾病期间每天消毒 1 次。

(7) 转群　犊牛 6 月龄后转入育成牛群。根据犊牛数量，每次转群数量不低于 5 头，并进行称重记录。

（二）后备母牛的饲养管理

后备母牛是指 6 月龄到第一次分娩的青年牛。

1. 分群方法　按照 6 月龄至配种前、配种后至妊娠 7 个月、妊娠 7 个月后分为三群。

2. 饲喂管理　后备母牛的生长和发育旺盛，饲养中要注意合理的饲料配比（表 4 - 3），进行适时配种，有利于提高母牛生产力，降低生产成本。

表 4 - 3　后备母牛精料补充料配方（供参考）

饲料名称	玉米	豆粕	棉粕	麸皮	玉米酒糟粕（DDGS）	预混料	合计
配比（%）	48	6	13	10	18	5	100

后备母牛日粮中的水分含量不能超过 50%，其全混合日粮（TMR）配方见表 4 - 4。

表 4 - 4　后备母牛 6 月龄至配种前 TMR 配方（供参考）

饲料名称	燕麦草	羊草	全株青贮	精料补充料	水	合计
数量（kg）	1	1.5	9.5	4	3	19

当后备母牛妊娠后，其饲养管理就应进行改变。妊娠母牛的营养可分为两个阶段：从妊娠到预产期前 60d 和妊娠期最后 60d。前一阶段，日粮设计应考虑妊娠母牛的生长需要，并避免脂肪的沉积。如果饲喂高能低蛋白日粮，那么妊娠母牛就易于在腹下沉积脂肪，对其未来的繁殖性能将造成一定的影响。妊娠母牛 TMR 日粮配方见表 4 - 5。

表 4 - 5　妊娠母牛 TMR 配方（供参考）

饲料名称	谷草	羊草	全株青贮	精料补充料	水	合计
数量（kg）	2	2.5	13	3.2	4	24.7

在妊娠后期，后备母牛日粮中精饲料类型应该与泌乳期的相似。应该从妊娠早期日粮逐步过渡到泌乳日粮，泌乳日粮的增加应该以过渡期后备母牛的粪便稳定性和饲料利用率为基础。

3. 日常管理

（1）清粪　运动场每天清粪1次，卧床每天清粪2次，根据实际情况及时加垫料，并及时平整地面。

（2）分群　根据生产需要和空间合理分群。

（3）密度　以所在牛舍内总的颈枷数量为基准，牛数量占75%最好。密度超过80%，牛易患皮肤疾病、眼部疾病等。

（4）消毒　采用浓度为3%的氢氧化钠、百毒杀等无刺激性气味的消毒剂，每周消毒1次，室内消毒时将牛赶至运动场。

（5）防应激　夏天避免日晒，必要时进行喷淋并配合风扇对牛舍降温。冬季防寒，防止贼风，饮温水（采用自动控温水箱控制水温）。需要进行人工授精时，提前保定牛只，减少应激。

（三）干奶期母牛的饲养管理

干奶期母牛是指妊娠220d后至分娩期的母牛。

1. 分群方法

（1）干奶前期　将干奶至产前21d的母牛分为一群。

（2）干奶后期（围产前期）　将产前21d至分娩的母牛分为一群。

2. 饲喂管理　对干奶期母牛饲喂TMR日粮。

（1）干奶前期　指自停乳之日起至泌乳活动完全休止乳房恢复松软为止，这个时期一般需要1～2周。在此期间的饲喂原则是：在满足干奶母牛营养的前提下，使其尽早停止泌乳活动，最好不要饲喂多汁、糟渣类饲料，一般以优质粗饲料为主，并适当搭配精料补充料（表4-6）。

表4-6　干奶期精料补充料推荐配方

饲料名称	玉米	豆粕	棉粕	麸皮	DDGS	预混料	合计
配比（%）	50	12	8	15	10	5	100

精饲料中的蛋白质要比泌乳期低2%～3%，如母牛膘情欠佳，可每头每天增加0.5～1kg精料补充料；而对于营养良好的母牛，喂以优质干草及少量精料补充料即可。一般按照青贮玉米10～14kg，干草5～6kg，精料补充料4kg左右进行饲喂，可以适当饲喂一些豆皮、棉壳等，精粗比为30∶70，体况控制在3.25～3.5分，因个体差异，可区别对待。精料补充料可根据粗饲料的质量和母牛膘情而定。另外，对于初次分娩的青年母牛，应增加10%的精料补充料。干奶期母牛的TMR配方见表4-7。

表 4－7 干奶期母牛 TMR 日粮配方（供参考）

饲料名称	羊草	燕麦	全株青贮	精料补充料	水	合计
数量（kg）	3	2.5～3	12	4	6	28

（2）干奶后期（围产前期） 这一阶段母牛在生理上发生了很大变化，饲养管理的好坏直接关系到犊牛的正常分娩、母牛分娩后的健康及产后母牛生产性能的发挥和繁殖表现。这一阶段胎儿生长发育快，母牛需要在体内蓄积更多的营养，以应付即将到来的泌乳期。此外，这一阶段母牛行动迟缓，乳房往往水肿，食欲下降，胃肠蠕动减慢，瘤胃内容物停留时间延长，pH 下降，影响钙的吸收。

此阶段应提高母牛的日粮浓度，即加喂一定量的精饲料，从 4kg 按每天每头 0.5kg 递增。需要注意的是：由于这一阶段精料补充料的最大量不可超过母牛体重的 1%～1.2%，所以精料补充料达到 6～7kg 时，就应维持该量，这有利于瘤胃乳头的健康，为母牛产后的泌乳性能打好基础。

3. 日常管理

（1）关注干奶后的母牛乳房，如发现乳腺炎，须治愈后重新干奶。

（2）集中分群饲养，有利于日粮组合和精准饲喂。

（3）满足母牛干物质采食量，给予优质粗饲料，保证消化功能正常及瘤胃健康。

（4）要善待母牛，不能有打、踢等暴力行为，防止母牛早产和胎儿死亡。

（5）保护乳房，卧床及产房增加垫料，避免损坏乳头。

（6）做好清洁卫生，每天清理运动场粪便及饲槽剩余草料。水槽要经常刷洗，保证水质新鲜。

（7）使用 3%氢氧化钠、百毒杀等无刺激性气味的消毒剂，每周对环境消毒 1 次，室内消毒时将牛赶至运动场。

（四）新产母牛的饲养管理

新产母牛是指分娩至产后 30d 的母牛。

1. 产房管理要求

（1）卧床垫料厚度 15～20cm，保持垫料干燥、平坦和干净。

（2）产房内空气流通好，随时提供新鲜的空气，及时排出氨气、硫化氢等能抑制牛的免疫系统，降低其抵抗力的有害气体以及病原微生物。防止产房内湿度过大，湿度大易于滋生微生物，引起犊牛腹泻、母牛子宫炎等疾病。

（3）设置自动控温饮水槽，除夏天外，产后母牛自由饮温水。

（4）设置能够安全保定母牛，以便进行常规检测、灌服保健（图 4－7）和治疗的固定栏（图 4－8）。

（5）人、牛进出方便，照明良好，便于观察。

图 4-7　灌服保健

图 4-8　固定栏

2. 产房工作注意事项

（1）对待产母牛加强观察。当母牛出现外阴流出较多稀薄黏液，乳房膨胀或有乳汁流出，尾根两侧塌陷明显且手压塌陷处松弛，食欲减退，粪便少而稀等症状时，将其赶入产房。

（2）破羊水后，记录时间，等待母牛自然分娩。如果母牛努责半小时后不见胎儿蹄部外露，则应检查胎位、胎向、胎势等是否正常，根据情况实施矫正或助产。

（3）进行检查或助产操作时，应保定母牛，并保持母牛和犊牛的清洁，避免细菌侵入母牛生殖系统引起感染。助产时应注意：

①准备专用消毒水两桶，一桶用于消毒手臂，另一桶用于消毒毛巾、助产绳等用具。

②外阴周围用沾有消毒液的毛巾消毒。

③戴一次性长臂手套，然后在桶内进行消毒。

④消毒后的长臂手套涂润滑剂，防止损伤产道。如果母牛站立分娩，胎儿排出产道时，接产人员应托住胎儿。

⑤助产绳、毛巾、剪刀等用具，每次用完应洗净，晾干备用。

3. 饲喂管理

（1）母牛分娩后保健　使用缩宫素 10mL，维生素 A、维生素 D 和维生素 E 20mL，科特壮 25mL，分别肌内注射；同时用益母生化散 500g、红糖 250g、产扶康 500g、温水 25L 混合灌服；提供新产母牛 TMR、优质燕麦草、苜蓿，让母牛自由采食；用食盐、磷酸氢钙、碳酸钾对新产母牛进行补饲。

（2）新产母牛的饲喂

①新产母牛的营养需要：见表 4-8。

表 4-8　新产母牛的营养需要

营养成分	含量
干物质（kg）	14～18
粗蛋白（%）	17～19
可消化粗蛋白（%）	60
过瘤胃蛋白（%）	40
产奶净能（kJ/kg）	7 200
粗脂肪（%）	5
酸性洗涤纤维（%）	21
中性洗涤纤维（%）	30
非纤维碳水化合物（%）	35
钙（%）	1.1
磷（%）	0.5
镁（%）	0.33
钾（%）	1.00

②新产母牛精料补充料配方：见表 4-9。

表 4-9　新产母牛精料补充料配方

饲料名称	玉米	豆粕	棉粕	DDGS	脂肪粉	预混料	脱霉剂	小苏打	合计
配比（%）	50	19	5	16	3.4	5	0.1	1.5	100

③新产牛 TMR 日粮配方：见表 4-10。

表 4-10　新产牛 TMR 日粮配方

饲料名称	苜蓿	燕麦	带绒棉籽	青贮玉米	精料补充料	水	合计
数量（kg）	4	1.3	1	20	12	14	52.3

④饲喂方法　新产母牛水槽分成两个区域，即 TMR 采食区、干草采食区。TMR 采食区较大，颈枷关闭时母牛采食 TMR，颈枷打开后母牛自由采食优质干草（图 4-9）。TMR 每天上料 3 次，每次锁枷让母牛采食 1h，干草每天提供 1 次，供母牛 24h 采食。这样饲喂可以显著改善新产母牛食欲，使其快速恢复体质，减少产后代谢病。

⑤自由饮水　冬季采用自动加热饮水槽供新产母牛自由饮水。

⑥补饲　料槽内添加舔砖及小苏打（图 4-10）。

4. 日常管理

（1）分娩后的管理

①消毒和填写记录：采用专用的消毒湿毛巾擦干母牛乳房上的脏污，挤初乳，之后对乳房进行药浴消毒。对健康无病的犊牛打耳标，并填写记录（表 4-11）。

图 4-9　饲喂优质干草

图 4-10　提供舔砖

表 4-11　新生犊牛记录

牛号	分娩日期	犊牛性别	体重	犊牛耳标号	父亲编号	胎衣排出情况	恶露情况	破羊水时间	分娩时间	是否助产	接产人员

②控测体温及血酮水平：牛的正常体温为 38.4～39.4℃；牛的正常血酮水平应小于 1.1mmol/L，如果大于 1.1mmol/L 即亚临床酮病，大于 2.2～2.4mmol/L 为临床酮病，判断时需进行血酮仪检测（图 4-11）。

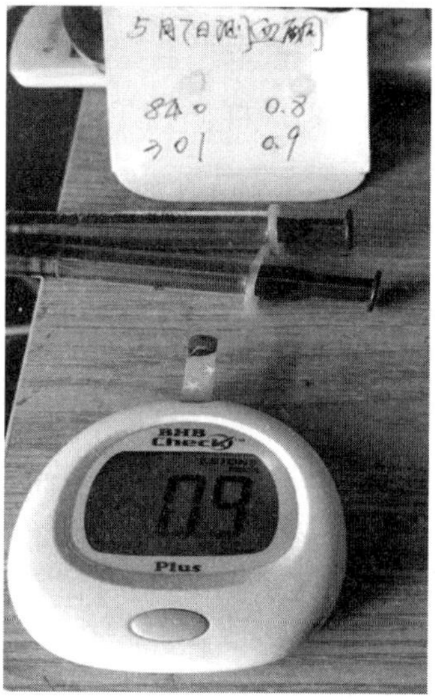

图 4-11　血酮仪检测血酮水平

③产后检测：检测内容包括以下几方面（表 4-12）：

A. 体温：上、下午各检测一次并记录，体温超过 39.5℃应怀疑为子宫感染等。

B. 产奶量：产后产奶量应每天递增，产奶量下降时应特别关注。

C. 恶露：颜色为鲜红、暗红、褐色或无色，产后 15～20d 应恢复正常，应关注恶露发臭或不排出的母牛。

D. 胎衣：产后 12h 未排出，或夏季 6h 未排出，则应关注母牛。

E. 产道：产道撕裂的要及时投药，每天 2 次，严禁投药时将手深入产道检查。

F. 血酮：检测血酮水平。

G. 行为观察：母牛的精神、食欲、步态等。

表 4-12　产后检测内容

牛号	分娩日期	难产	产道撕裂	胎衣	恶露	食欲	精神状态	产奶量					血酮			体温				
								1d	2d	3d	4d	5d	4d	7d	11d	1d	2d	3d	4d	5d

（2）饲喂管理

①自由饮水，夏季水槽每天清洗 1 次，冬季设置自动控温水槽。

②每天 3 次上料，提供优质干草供母牛自由采食。

③密度为颈枷数的 60%～70%。

④空气流通好，采光好。夏季遮阳防暑，配备风扇和喷淋设备。

（五）泌乳牛的饲养管理

泌乳牛是指分娩后至干奶前整个泌乳阶段的牛。

1. 分群方法　按照产奶量高低对泌乳牛进行分群并实行阶段饲养，可分为高产群、中产群、低产群。这样分群对提高牛的产奶量，降低饲养成本，减少饲料浪费都有很好的效果。

（1）高产群　主要指日产奶量 30kg 以上的牛，其中包括分娩后 90d 以内但日产奶量不足 30kg 的牛。

（2）中产群　主要指日产奶量 20～30kg 的牛。

（3）低产群　主要指日产奶量 20kg 以下的牛，其中包括妊娠天数大于 200d 但日产奶量大于 20kg 的牛。

注意事项：分群时要与牛群规模、栏舍数量以及 TMR 搅拌机的类型、体积相结合。

2. 饲喂方法

（1）制定配方　按照产奶牛营养需要制定泌乳牛日粮配方。泌乳牛可使用统一的精料补充料配方，但对其中的原料要严把质量关，不可有发霉变质现象。

（2）TMR 加工制作注意事项

①与营养师确定上料单，保证正确无误。上料原则为先干后湿、先轻后重、先精后粗；顺序为干草类、短纤类（大豆皮、全棉籽、甜菜颗粒）、青贮及糟渣类、精料补充料、水。

②把日粮配方输入精准饲喂系统，按顺序添加原料，自动计量。或经电子磅称重后按顺序加入 TMR 搅拌机中搅拌。

③根据原料的质量、搅拌机性能来确定搅拌时间。一般泌乳牛 TMR 搅拌时间为 8～10min，育成、干奶牛为 15～20min。

④在上料后牛未采食之前分点取样，每栏至少均匀取样 6 个点，取样总量约 500g。

用宾州筛（四层筛，4mm）（图 4－12）检测，第一层筛和第四层筛较重要，检测结果影响牛的反刍次数、瘤胃健康。TMR 颗粒度推荐见表 4－13。

图 4－12　宾州筛

表 4－13　TMR 颗粒度（供参考）

牛只阶段	宾州筛检测结果（%）			
	一层	二层	三层	四层
泌乳期 1	2～8	30～50	10～20	30～40
泌乳期 2	10～15	15～20	40～45	15～25
育成期	40～50	18～20	25～28	4～10
干奶期	50～55	15～30	20～25	4～8

⑤TMR 日粮精粗比见表 4－14。

表 4－14　TMR 日粮精粗比（供参考）

牛只类别	精粗比
高产泌乳牛	（45～55）：（55～45）
低产泌乳牛	（40～45）：（60～55）
干奶牛	30：70
育成牛	23：77
小育成牛	42：58
犊牛	（66～70）：（34～30）

⑥搅拌量为 TMR 容积的 80%～90%，不可多加饲料原料，不能使 TMR 搅拌机超负荷。

⑦使用青贮取料机取青贮时，要保持青贮堆截面整齐，散落的青贮饲料应清理干净，霉变的青贮饲料要剔除。

⑧阴雨天气要用塑料布盖住 TMR 切面，避免水分过大，影响牛的干物质采食量。

⑨每周 2 次用微波炉或烘箱烘干 TMR 后检测其水分，TMR 干物质含量应为 48%～52%（冬季可在 54%～56%）。

⑩对 TMR 搅拌机的称重系统定期矫正、刀片定期更换、轴承定期保养。

3. 日常管理

（1）料槽管理

①每头牛的料槽占位宽 80cm 左右，每 1h 推草 1 次。

②每天投料 2～3 次，夏季必须达到 3 次。每天早晨清槽 1 次，掌握剩料情况。

③牛在颈枷处的强制采食时间为每次 1h。

④每天剩料量控制在 3%～5%，剩料量不足 3%则表明牛的干物质采食量不足（图 4-13）。特别是冬季和夏季，必须按规定推草，以保证牛的采食量最大化。

⑤TMR 投料时间要固定，保证牛挤奶后能够吃到新鲜草料。

图 4-13　剩料量过少

（2）水槽管理

①让牛自由饮水，水槽每 2～3d 刷洗 1 次，夏季每天刷洗 1 次，保证水质新鲜；冬季启用自动控温水槽。

②饮水槽的设计，第一，要保证每头牛有 8cm 的饮水空间（圈舍水槽总长度/总饲养头数）；第二，夏季要遮阴，避免水槽暴晒。

（3）卧床管理

①垫料的种类有固液分离的沼渣、稻壳、木屑、沙子。沙子效果最好，厚度要在 10cm 以上。垫料要保持干燥、松软、无异物。

②每天平整卧床垫料（图 4-14），视情况添加垫料，每天 2～3 次清理卧床上的粪污（在牛挤奶时清理）。

③根据牛体大小调整卧床长度，以保证牛躺卧时牛粪排在卧床下面。

图 4-14　泌乳牛卧床

（4）清粪

①采用自动刮粪板清理粪便，但应避

开牛锁颈枷采食时间；采用其他方式清粪的，应避免占用牛休息时间。每天清粪 2～3 次。

②使用专用清粪车或铲车，避免将牛粪推到卧床上。

③牛舍内避免粪便堆积。

（5）防暑降温

①保持通风良好、空气新鲜，遮阴避光。

②安装风机喷淋，夏季根据温度、湿度调整开机时间。

③控制饲养密度为 80％左右。

④调整 TMR 的单次上料量，适当减少中午上料量，增加推草次数。

⑤根据牛的干物质采食量调整日粮浓度，适当提高小苏打、钾、镁、钠的含量。

⑥控制饲料库存，防止霉变。

（6）防冰冻

①冬季减少 TMR 的水分，适当减少夜间投喂量。

②打开自动控温系统，保证饮水温度为 15～20℃。

③及时清理粪便，防止损伤牛蹄。

4. 挤奶要点

（1）定期检查乳房健康。

（2）必须挤头把奶——每个乳头挤出 2～3 把奶至观察杯（图 4－15）。

（3）挤奶前对乳房进行药浴。

（4）擦干乳头。

（5）查看真空压力表（图 4－16），检查挤奶机真空度。真空度、脉动比率、脉动频率必须与设备说明书建议参数一致。

图 4－15　观察杯

图 4－16　真空压力表

（6）及时套杯。

（7）防止过度挤奶，以免损伤乳头末端（图 4－17）。

（8）正确脱杯。

（9）脱杯后立即药浴乳头。

（10）确认制冷设备正常工作。

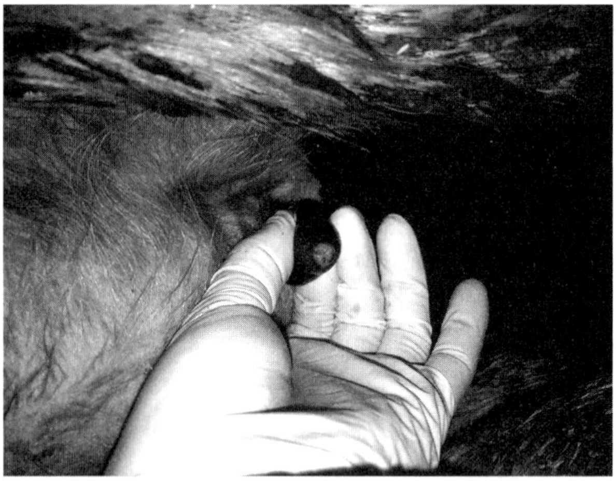

图 4 - 17　过度挤奶造成的乳头损伤

(11) 清洗设备。

(12) 定期检查保养设备的主要部件，定期更换橡胶部件（图 4 - 18）。

图 4 - 18　检查橡胶部件

（六）育肥牛的饲养管理

育肥牛在饲养管理中，必须考虑市场的需求，充分利用当地的饲料资源，制定合理的育肥方案，争取以最低的饲料成本，获得最大的经济效益。

1. 育肥牛的选购　育肥牛可选择培育品种、地方品种或杂交牛。对于引进品种与地方品种或培育品种的杂交后代，杂交代数越高，育肥效果越好，而且公牛的育肥效果优于母牛。育肥牛各部位要发育良好无缺陷，四肢端正、粗壮，蹄大而结实，体形呈筒状或砖块状。

2. 育肥前的准备工作

(1) 圈舍消毒　用 3%～5%氢氧化钠彻底消毒。

(2) 分群　根据圈舍、品种、个体大小、性别等进行分群，以便确定营养标准，合理配置日粮。

（3）驱虫　在育肥前 7～10d 进行驱虫。驱虫可选用以下药物：左旋咪唑，口服或肌内注射，每千克体重 7.5mg；丙硫苯咪唑，口服，每千克体重 10～15mg。

（4）健胃　驱虫后立即进行健胃。可口服人工盐 50～150g、食盐 20～50g 或健胃散 350～500g/d（以 1 头牛计）。

（5）免疫、检疫　免疫主要针对口蹄疫、结节病、梭菌病。检疫主要针对结核病、布鲁氏菌病。具体的免疫、检疫对象由当地兽医主管部门确定。

（6）去势　性成熟前屠宰的牛可不去势。若去势应及早进行。

（7）称重　在育肥开始前对牛进行空腹称重并记录结果。

对于外购牛，还应注意以下事项：

（1）及时补水　首次补水的饮水量限制在 10～15kg，切忌暴饮；间隔 3h 后可自由饮水。在水中加入食盐或人工盐，刺激牛的胃肠功能。

（2）逐渐过渡到育肥日粮　开始育肥当天，限量饲喂优质干草，重点观察牛的精神、食欲、粪便、反刍等状态。第 2 天开始，逐渐增加干草饲喂量，添加青贮饲料和精饲料；1 周后，可逐渐过渡到育肥日粮。

（3）保持舒适的环境　牛不要立即拴系，采取自由采食。围栏内铺垫料，保持环境安静，缓解牛的疲劳（图 4－19）。

图 4－19　育肥牛围栏内铺稻壳垫料

3. 育肥方法

（1）强度育肥　也称持续育肥或直线育肥，是指犊牛断奶后直接进入育肥期，直到出栏。可分异地育肥和就地育肥两种方式。异地育肥是指犊牛断奶后被专门的育肥场收购，集中在一起育肥；就地育肥是指犊牛断奶后在本场育肥。强度育肥的育肥效率高，整个过程中给予了肉牛足够的营养，提供的精饲料通常占体重的1%～1.5%；肉牛生长速度快，生长周期短，出栏年龄一般在2岁内。

（2）架子牛育肥　架子牛是指没有经过育肥或经过育肥但没有达到屠宰体重的牛。通常3岁及3岁以上的牛很少作为架子牛。

这种育肥方式是为了保证牛体前期各器官生长发育的营养需要，不要求有过高的增重；在出栏前3～6个月，给予较高的营养，进行后期育肥，这种方式虽然使饲养周期延长，但可以充分利用当地资源，节约饲料。

（3）成年牛育肥　主要是指繁殖母牛和淘汰奶牛的育肥。这部分牛一般体况不佳，直接屠宰时出肉率低，肉质差。经过短期集中育肥，使其恢复肌肉体积，沉积一定的脂肪，不仅可以提高产肉量，还可以改善肉的品质和风味。成年牛育肥时间一般控制在3个月左右。

4. 育肥期的管理

（1）饲喂时间　不管是舍饲还是放牧，时间要固定。牛采食的最佳时间是早晨和夜晚，多数牛的反刍时间在夜晚，特别是夜幕降临的时候，所以夜间应尽量减少对牛的干扰。

（2）巡圈　查看牛的采食状态、饮水、粪尿、精神是否正常，发现异常立即处理。

（3）刷拭牛体　刷拭牛体可以保持牛体清洁，促进体表血液循环，增加牛体代谢，还可有效预防体外寄生虫。目前规模化牧场一般采用自动牛体刷（图4-20）。

图4-20　自动牛体刷

（4）限制运动　育肥中后期限制牛的运动，目的是减少牛的活动消耗，提高饲料利用率。条件允许的情况下，可在牛采食时将其拴系一定时间。

（5）定期称重　育肥期最好每月称重1次，更好地了解育肥效果，确定牛的出栏时间。

二、羊的饲养管理

（一）肉用羊的饲养管理

以本地品种作为母本，引进优良品种作为父本进行经济杂交，这样培育的商品肉羊既保留了本地羊粗放、适应性强的特点，又具有了外来优良品种生长速度快、产肉多、肉质好的优点。

1. 羔羊的饲养

（1）羔羊补饲　可选用谷物饲料搭配适量饼粕，也可用混合精饲料。饲喂量随羔羊月龄的增加而增加。20～30日龄，每只羔羊饲喂量为50～70g，1～2月龄为150～200g，2～3月龄为200～300g；每天补喂2次。

（2）母羊饲养　母羊在放牧的同时，每天补喂0.5～1kg的混合精饲料（表4-15）。

表4-15　母羊精饲料配方（供参考）

名称	玉米	麸皮	棉籽饼	豆粕	食盐	磷酸氢钙	合计
配比（%）	60	8	16	12	1	3	100

（3）羔羊早期断奶　用于育肥生产的羔羊可以在60日龄左右断奶，如果补饲条件好，也可以在40日龄断奶。

（4）育肥羊的选择　从羊群中选体型大、发育好、采食性能强的羔羊，最好选公羔。

（5）饲料的选择　羔羊断奶后的饲料最好和羔羊补饲期间饲料一致，育肥料力求和原来的饲料原料一致，尽可能减少换料应激。

（6）调控营养水平　育肥时要求日粮的蛋白质和能量水平均高，粗蛋白水平达到20%，钙磷比例要合适，还要提供维生素和矿物质饲料添加剂及瘤胃调控剂。

（7）卫生管理　保持羊舍通风良好，室内干燥，提供充足、清洁的饮水。对环境定期消毒。

2. 羔羊放牧及补饲

（1）按计划产羔　为了使羔羊有较长时间的生长育肥期，产羔时间应控制在初春，实行当年产羔当年育肥的生产制度。

（2）选择育肥时间　一般10月上、中旬开始补喂精饲料，因为过早开始育肥会影响出栏重和皮张质量。

（3）断奶　一般2月龄后断奶，对弱小羔羊应适当延迟断奶时间。

（4）分群　断奶后要进行驱虫和药浴，将羔羊按体重和大小进行分群，单独放牧或舍饲＋补饲，同时进行去势管理。

（5）补喂混合饲料　每天放牧时间为8～9h，回圈后补喂混合饲料。在出栏前的2个月左右加强补饲，加大精饲料用量。

3. 肉羊生产管理

（1）分娩和接产　提前对产房做好消毒工作；准备接产用具、药品，待母羊出现临产症状时转入产房。正常情况下，羊膜破后20min左右，羔羊双前蹄及头部先露出，胎儿随即落地，产双羔或多羔时，母羊常因体力不支，需人工助产。羔羊脱离母体后，及时擦干其口鼻黏液，羔羊身上的黏液让母羊舔舐干净或人工用火烘干。剪断脐带，断口处用碘酊涂抹消毒。母羊饮温麸皮、红糖水。

（2）去势　公羔在出生后18d左右去势，选择晴朗的天气进行，可采用刀切或结扎法。

（3）去角　对有角的羊，应在出生后5～10个月内进行去角。去角的方法有烧烙法和腐蚀法两种。

（4）断尾　应在羊出生后10d内进行，此时羔羊尾巴较细，出血少。断尾可采用热断法和结扎法。

（5）剪毛　要选择晴朗无风的天气进行。用于肥羔生产可不剪毛或剪毛1次，用于羔羊生产的一般每年剪毛1～2次，山羊仅在春季剪1次粗毛。

（6）药浴　定期药浴驱虫，药浴前8h停止喂料，药浴前2～3h给羊饮足水，以防止羊喝药液。先药浴健康的羊，有疥癣的羊最后药浴。

（7）修蹄　放牧条件下的肉羊要及时修整羊蹄，否则会造成肉羊行走困难，难以放牧，影响肉羊的健康及膘情。

（二）毛（绒）用羊的饲养管理

1. 选择品种　羊品种的优劣直接影响其生产性能的发挥，特别是影响毛的质量及数量。绒用山羊的类型较多，生产性能差别较大，目前人们一致认为辽宁白绒山羊生产性能最佳。

2. 满足营养需要　绒山羊采食性广，一般不会造成营养性缺乏，但冬季、早春时节青绿饲料缺乏往往造成以维生素为主的营养缺乏，影响羊的生长发育和背毛生长，甚至会导致疾病的发生。所以，在每年进入冬季前，除储备青绿多汁饲料外，还要备足优质干草，对于妊娠母羊、产羔羊、种公羊及病弱羊，每天应适当补充精饲料，以满足妊娠母羊的营养需要、羔羊的正常哺乳及病弱羊的康复。绒山羊母羊精饲料配方见表4－16。

表4－16　绒山羊母羊精饲料配方（供参考）

原料	玉米	麸皮	豆粕	磷酸氢钙	食盐	预混料	合计
配比（%）	67	15.5	14	1	0.5	2	100

3. 剪毛及抓绒　绒山羊每年春季要进行抓绒和剪毛，抓绒应避开阴雨天气。一般选择在绒山羊的头部、耳根及眼圈周围的绒毛开始脱落时，开始抓绒，抓绒后约1周剪粗毛。抓绒开始时先用稀梳顺毛的方向由颈、肩、胸、背、腰及各部，由上而下将沾在羊身上的碎草及粪块轻轻梳掉，然后用密梳按股、腰、背、胸及肩部的顺序逆毛而梳，梳子要贴近皮肤，用力要均匀，不可用力过猛，以免梳破羊的皮肤。剪毛后还要注意防止羊感冒。

4. 定期消毒与驱虫　每年春秋两季对羊群各驱虫1次，驱虫期间最好舍饲，收集粪便并集中发酵。对羊舍地面、墙壁和用具等彻底清洗消毒。

5. 药浴　对绒山羊的背毛质量影响较大的疾病是疥癣病，该病为接触性传染病，疥癣螨虫会破坏羊皮肤的正常结构，阻碍毛的正常生长，致使羊的背毛脱落。因此要控制疥癣病的发生，除加强圈舍卫生外，还要在每年剪完粗毛后1周左右进行1次全群药浴，间隔8～14d可再重复药浴1次，效果更佳（图4－21）。

图4－21　剪毛后药浴

6. 选择配种年龄与利用年限 一般母羊初配年龄在 9 月龄以上，妊娠天数平均在 150d 左右，产羔 20～40d 后，再次发情配种，发情周期 16～20d。种公羊 9 月龄后可参加配种。绒山羊最好的繁殖年龄在 3～5 岁，6 岁以后繁殖力开始下降。

7. 提供饮水与矿物舔砖 春冬季节每天饮水 2 次，夏秋季节每天饮水 4 次，应供给足量清洁饮水。舍饲条件下可设置自动饮水槽，让羊自由饮水。矿物舔砖可放置于避雨的显著位置，任羊自由舔舐。

（三）乳用羊的饲养管理

乳用羊（奶山羊）每胎泌乳期 8～10 个月，平均泌乳量 500～600kg，乳汁率为 3.9%，每胎 1～3 只。奶山羊性情活泼，采食性广，杂草、树叶、蔓藤、杂粮等均可饲喂。繁殖快，抗病力强，既可舍饲，又可放牧。投资少，见效快。奶山羊品种及个体不同，其泌乳量差异很大。萨能奶山羊和崂山奶山羊的泌乳量高于其他品种，体形外貌要求头长、颈长、躯干长、腿长、体高，行动敏捷，活泼健壮。

1. 幼羔的饲养 新生幼羔要求吃足初乳，从出生到 4 日龄的羔羊，全乳是主要饲料，每天饲喂 4 次；40 日龄后可减少全乳的饲喂量，添加优质草料，自由采食；80～120 日龄以饲喂草料为主，搭配少量乳汁；120 日龄断奶，断奶后以饲喂饲草为主，少喂精饲料。

2. 泌乳羊的饲养 泌乳初期以饲喂优质饲草为主，自由采食。可根据母羊体况、乳房充盈度、食欲变化等，逐渐添加精饲料及多汁饲料。奶山羊在产后 30～40d 达到泌乳高峰，此时体重不断减轻，出现营养负平衡，此阶段应充分满足其日粮需求，除每天喂给占体重 1%～1.5%的干草和一定量的精饲料外，还应尽量喂给青贮饲料等多汁饲料，泌乳量下降时，应视膘情逐渐减少精饲料量。奶山羊的整个饲养过程要保证充足的饮水，并采用盐砖供其自由舔食。奶山羊精饲料配方见表 4-17。

表 4-17 奶山羊精饲料配方（供参考）

原料	玉米	豆粕	麸皮	过瘤胃脂肪	磷酸氢钙	食盐	预混料	合计
配比（%）	57	28	10	1	1	1	2	100

3. 挤奶 挤奶次数要根据泌乳量而定，日泌乳量 3kg 以下的每天挤奶 2 次，日泌乳量达 5kg 的每天挤奶 3 次。挤奶技术要领如下：

（1）每次挤奶前，先用温水擦洗乳房，这样既可清洁乳房，又能促进泌乳反射。

（2）按摩乳房，一是用双手托住乳房，左右对揉，由上而下，每次揉 3 遍；二是用手捻转乳头，注意不要过度刺激；三是顶撞按摩法，即两手轻握乳头基部，向上顶撞 2～3 次。按摩时间一般不超 3min，否则会错过最适宜的挤奶时间，引起不良后果。

（3）可使用拳握挤奶法或小型挤奶机挤奶法。

（4）挤奶速度要快，中间不能停歇，一般一只羊的挤奶时间为 3～4min。

（5）要将乳汁挤净，否则残留的乳汁容易诱发乳腺炎，减少泌乳量，缩短泌乳期。

（6）可适量增加挤奶次数。由于乳房内压力越小，乳腺泌乳越快、越多，所以适当增加挤奶次数，可提高泌乳量，特别是对于高产奶山羊。

（7）挤奶场地、时间、人员不要随意变更。

（8）每次挤奶完毕可选用碘制剂药浴乳头。

（9）挤奶时如发现乳头干裂或乳汁异常，应及时治疗。

（10）奶山羊在泌乳近10个月时，泌乳量逐渐下降，这时必须进行干奶，以便母羊恢复体况，保障母羊体内胎儿的发育和下一个泌乳期的泌乳量。

4. 日常管理 羊舍要求冬暖夏凉，通风干燥；要经常刷拭羊体，促进其血液循环，提高泌乳能力。

5. 繁殖 山羊的繁殖具有季节性，以春秋季为主。一般山羊生长到12～14月龄就可配种，妊娠期为150d左右。也可采用人工授精技术，按计划产羔，提高繁殖率，延长母羊利用年限。

（四）兼用羊的饲养管理

兼用羊的饲养管理以小尾寒羊为例进行介绍。

1. 饲养方法 羔羊期（3.5～4月龄）是小尾寒羊生长发育最快的时期，此时其消化机能还不完善，对外界适应能力差。羔羊期的发育情况同成年羊体重、生产性能密切相关，因此在饲养管理中应重视以下几个环节：

（1）饲喂初乳 羔羊尽早吃足初乳，越早越好。初乳呈黄色，浓稠，富含蛋白质、脂肪、氨基酸，维生素较为充足，矿物质含量高，特别是含镁多，有轻泻作用，可促进胎粪排出，抗体含量高，具有抗病作用，能抵抗外界微生物侵袭。初乳对羔羊的生长发育和健康起着特殊而重要的作用。

（2）哺乳常乳 羔羊吃3d初乳后，一直到断奶是吃常乳阶段。此阶段要加强母羊的补饲，适当添加精饲料和多汁饲料，保持母羊良好的营养状况，提高泌乳力，增加泌乳量。要保证每只羔羊吃好常乳，对一胎多羔的情况，要求均匀哺乳，防止强羔欺负弱羔。

（3）及早补饲 除保证羔羊吃足初乳和常乳外，还应尽早补饲，这不仅能使羔羊获得完善的营养物质，还可以提早锻炼其胃肠的消化机能，促进消化系统的健康发育，增强羔羊体质。羔羊出生1周后跟随母羊吃嫩草和饲料；10～15日龄后自由舔食细软的优质干草和精饲料。

（4）适当放牧 羔羊适当运动可增强体质，提高抗病力。初生羊羔在圈内饲养1周后可在阳光充足的地方自由活动，3周后可随母羊放牧，但要选择地势平坦、背风向阳、牧草优良的地方放牧。30日龄后羔羊可编群放牧，放牧时间随羔羊日龄的增加而逐渐延长。放牧时应防止羔羊舔食泥土，以免发生胃肠病和寄生虫病。

（5）适时断奶 发育正常的羔羊在3～4月龄即可采食大量牧草和饲料，具备了独立生活的能力，可以断奶转为育成羔羊饲养。羔羊发育整齐一致，可以一次性断奶；若发育有强有弱，可以分批断奶，即强壮的羔羊先断奶，瘦弱的羔羊继续哺乳，推迟断奶时间。断奶羔羊留在原圈饲养，母羊转入其他较远的羊舍，以免羔羊念母，影响其采食。

羔羊断奶应逐渐进行，一般经 1 周左右完成。开始断奶时，每天早晨和夜晚仅让母羊分别哺乳羔羊 1 次，以后改为每天哺乳 1 次。

2. 夏季放牧要点 小尾寒羊畏热不畏冷，喜干燥而厌潮湿。夏季天气炎热，雨水较多，空气湿度大，对小尾寒羊生长十分不利。因此，夏季放牧应注意以下几点：

（1）不宜远距离长时间放牧　早晨及傍晚各放牧 1h；中午舍饲，不需要全天放牧。

（2）早晨出牧不宜过早　为防止小尾寒羊采食含露水较多的牧草，一般 8—9 时出牧最佳。下午天气炎热，应在 18 时后再放牧。因为早上高草露水少，下午低草水气好，所以在牧草地选择上要坚持“早放高、晚放低”的原则。

（3）忌草地通风不良、低洼潮湿　如果放牧环境闷热而不通风，则小尾寒羊身体散发的气味易招引鼻蝇，影响其采食。在低洼潮湿的环境放牧，小尾寒羊还容易患寄生虫病和蹄病。

（4）雨后不放牧　雨后牧草水气大，小尾寒羊采食后易患腹泻、腹胀等消化系统疾病。

（5）不在公路旁放牧　在公路旁放牧容易使小尾寒羊感染羊痘、口蹄疫等传染病。

（6）不能空腹吃蓖麻叶（图 4－22）和蓖麻花　因为小尾寒羊空腹采食蓖麻叶或蓖麻花易中毒。但如果采食其他草料以后再食入蓖麻叶或蓖麻花，则胃中其他草料可将有毒物质稀释，并且更容易吐出。

图 4－22　蓖麻叶

3. 春季管理

（1）饲喂要得当

①草料要干净。不喂发霉变质的草料，挑拣草料中的异物杂质；保证槽内无剩草、剩水；饲料配方一经确定不任意变换，非要变换时要逐渐改变。

②饮水要清洁。不饮河流、湾沟、池塘的污水。分娩羊 1 周内饮温水。

③放牧与舍饲相结合，夜食不可少。放牧回来加喂精饲料，喂量根据羊的体况增减。妊娠母羊不可过肥，避免发生产后不食、难产、乳房水肿等疾病。

（2）皮毛要干净　经常刷拭羊体，除掉脏污，促进其皮肤血液循环。春末夏初剪毛，剪毛10d后药浴，隔10～15d再药浴1次，杀虫效果更好。

（3）圈舍要卫生

①圈舍要通风透光，并能防止日晒雨淋。卧床要高于地面0.5m以上（图4-23），便于清扫粪尿。

图4-23　卧床要高于地面

②每天打扫圈舍中的粪草，铺垫沙土或干草，便于小尾寒羊休息。

③要对圈舍及用具彻底清洗消毒，可选用2%氢氧化钠或20%石灰乳。

④要适当运动。春季每天要让羊适当运动和晒太阳。若要大群放牧，需选好“带头羊”，让其“压住头”吃上回头草。

⑤照顾好孕羊，不要鞭打，避免拥挤，防止孕羊流产。

⑥要重视防疫，根据本地区羊的疫病发生情况，及时注射疫苗。

4. 孕期管理

（1）妊娠前期（约3个月）因胎儿发育较慢，需要的营养物质少，一般放牧或给予足够的青草再适量补饲即可满足孕羊的营养需要。

（2）妊娠后期是胎儿迅速生长时期，初生重的90%是在母羊妊娠后期形成的。若营养不足，羔羊初生重小，则抵抗力弱，极易发病死亡。因此，此时期应加强补饲，除放牧外，每天每只羊还需补饲适量精饲料。必须饲喂优质草料，避免草料发霉、变质、冰冻。孕羊应饮用温水。放牧时避免孕羊受到拥挤、滑跌等应激刺激，造成损失。

（3）母羊分娩前对羊舍和分娩栏进行消毒，备好褥草。

5. 种公羊的管理　要求种公羊常年保持中上等膘情，俗话说“公好好一坡，母好好一窝”。

（1）种公羊饲料要求营养价值高，含有足量的蛋白质、维生素和矿物质，且易消化、适口性好，如苜蓿草、燕麦草、三叶草等，多汁饲料有胡萝卜、青贮玉米等，精饲料有玉米、豆饼、豌豆、大麦等。优质的禾本科和豆科植物混合干草为种公羊的主要饲料，一年四季应尽量补饲。配种任务繁重的优秀种公羊可补饲动物性饲料。

（2）为完成配种任务，非配种期要加强种公羊的饲养和运动，有条件的要进行放牧。种公羊配种期体重要比配种前期增加10%～15%，否则配种会受到影响。

（3）配种期种公羊神经处于兴奋状态，经常心神不定，该时期的管理要特别精心，少喂勤添，多次饲喂。饲料品质要好，必要时可补给鸡蛋、鱼粉，以补充配种期种公羊大量的营养消耗。配种期如饲料蛋白质不足、品质不佳，会影响种公羊性能，降低精液品质和母羊受胎率。

（4）种公羊配种及采精要适度，一般1只种公羊可承担30～50只母羊的配种任务。种公羊配种前1～1.5个月开始采精，同时检测其精液品质。开始时1周采精1次，以后1周采精2次，到配种期1d可采精1～2次。但不可连续采精，采精前种公羊不可饲喂得过饱。

05

第五章

牛羊繁殖关键技术

在牛羊生产实践中，应做好发情鉴定、适时配种、接产等工作。常用的繁殖技术包括同期发情、诱导发情、人工授精等。

一、发情鉴定

（一）外部观察法

母羊发情没有明显的行为变化，一般表现为外阴部充血、肿胀，阴门有黏液排出（图 5－1）。母牛发情行为明显，表现为兴奋不安，哞叫，食欲减退，摆尾，外阴部充血、肿胀，阴门有黏液排出。

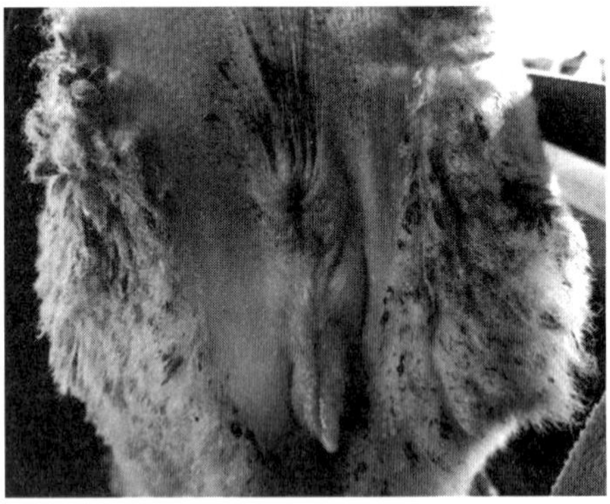

图 5－1　母羊外阴部发情状态

（二）阴道检查法

通过阴道开膣器观察母牛或母羊阴道，发情时阴道黏膜充血、表面光亮湿润，子宫颈口充血、松弛、开张，有大量透明稀薄黏液流出。

（三）试情法

在生产上，经常选用健康非种用公羊（用试情布将公羊阴茎包裹住）放入母羊群中，适度驱赶羊群，当母羊主动接近公羊，并且公羊爬跨后站立不动的即为发情（图 5－2），将发情母羊分离以备配种。试情一般上、下午各1次。母牛一般不采用试情法，如果母牛接受牛群中其他母牛爬跨，且站立不动即视为发情（图5-3）。

图5-2　母羊接受公羊爬跨

图5-3　母牛接受其他母牛爬跨

（四）活动量监测法

在生产上，可通过监测母牛的活动量来判断母牛是否发情。目前生产中用于监测母牛活动的计步器（图5-4）可分为蹄部计步器和颈部计步器两种，可实时监测母牛活动量，并与牛场管理软件相关联，当母牛活动量增加到一定数值时，管理软件自动提示该母牛可能发情。记步器监测母牛发情检出率可达95%以上，但并不能判断母牛发情所处的具体阶段。

图5-4　牛用计步器

（五）尾根涂抹法

尾根涂抹法是将染料涂抹在牛脊柱尾根处，涂抹范围长20cm，宽3～5cm。染料尽量选择红、蓝、绿、黄等醒目的颜色，根据母牛尾根染料的蹭磨程度就可以推断母牛被爬跨的情况，从而判定母牛是否发情。此法在放牧条件下可采用。

（六）直肠检查法

直肠检查法（图5-5）是用手通过母牛直肠壁触摸卵巢及卵泡的大小、形状、变化状态等，以判定母牛发情的阶段。发情期卵泡增大，直径达1～1.5cm，卵泡中充满卵泡液，波动明显，突出卵巢表面。

图5－5　直肠检查法

二、发情方案

（一）诱导发情

1. 公畜效应　在舍饲养殖的条件下，将公畜放入母畜圈中，可刺激母畜发情。

2. 提早断奶　在生产中，常用羔羊或犊牛尽早断奶的方式诱导母牛或母羊提早发情。

3. 激素诱导　生产上，一般对不发情母牛或母羊进行诱导发情，常采用促性腺激素释放激素（GnRH）、促卵泡素（FSH）、促黄体素（LH）、孕马血清促性腺激素（PMSG）、人绒毛膜促性腺激素（hCG）、孕酮、雌激素或前列腺素（$PGF_{2\alpha}$）等。

（二）同期发情

1. 羊孕酮栓法　包括海绵孕酮栓（图5－6）和阴道孕酮栓（CIDR）栓剂（图5－7）两种。CIDR栓剂较海绵孕酮栓对孕酮具有更强的缓释作用，但价格较高，多用于胚胎移植中供体羊的同期发情处理。海绵孕酮栓较常用，用之前在海绵孕酮栓上撒青霉素，一般10个栓用1支青霉素（2 000U）。放置CIDR栓剂之前最好涂抹食用油或液状石蜡。在使用孕酮栓之前应保定好母羊，将外阴擦洗干净后，用放置器将孕酮栓放入阴道即可。埋植孕酮栓后剪短牵引线，留出适量的线头。埋植孕酮栓期间，若发现孕酮栓脱落，要及时重新埋植；撤栓时，用手拉住孕酮栓的外露线头缓缓向后下方拉，直至全部拉出，如找不到线头，则用开膣器打开阴道，用镊子取出孕酮栓。

将埋植孕酮栓当天作为第0天，一般埋植10～12d，撤栓同时肌内注射马绒毛膜促性腺激素（PMSG），使孕酮的抑制作用消失，PMSG促进卵泡发育，从而实现母羊集中发情。

撤栓时，阴道内有黏液流出属正常情况，如果有血、脓，说明阴道内有破损或感染，应立即使用抗生素处理。

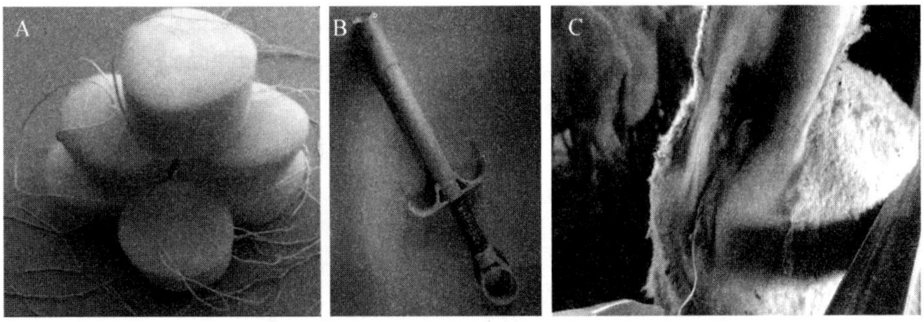

图5-6　海绵孕酮栓及其应用

A. 海绵孕酮栓　B. 海绵孕酮栓放置器　C. 孕酮栓应留出适量的线头

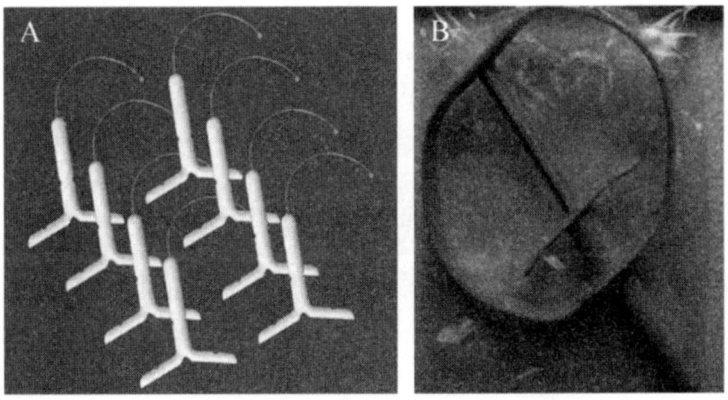

图5-7　CIDR栓剂及其放置器

A. CIDR栓剂　B. CIDR栓剂放置器

2. 前列腺素法　前列腺素法分为一次注射法和二次注射法。一次注射法是在注射$PGF_{2\alpha}$后24～48h进行发情鉴定。二次注射法则是在第一次注射$PGF_{2\alpha}$后间隔12d进行第二次注射，注射后24～48h进行发情鉴定（图5-8）。注意如果母畜妊娠前2个月注射$PGF_{2\alpha}$会引起流产。

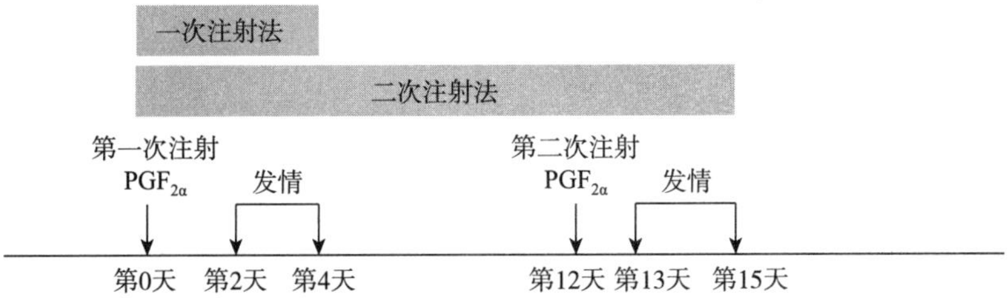

图5-8　前列腺素法流程

3. 牛 GnRH＋$PGF_{2\alpha}$ 法 在任意一天给母牛注射 GnRH（记为第 0 天）；第 7 天注射 $PGF_{2\alpha}$；第 9 天第二次注射 GnRH，16～18h 后（第 10 天）进行人工输精（图 5－9）。

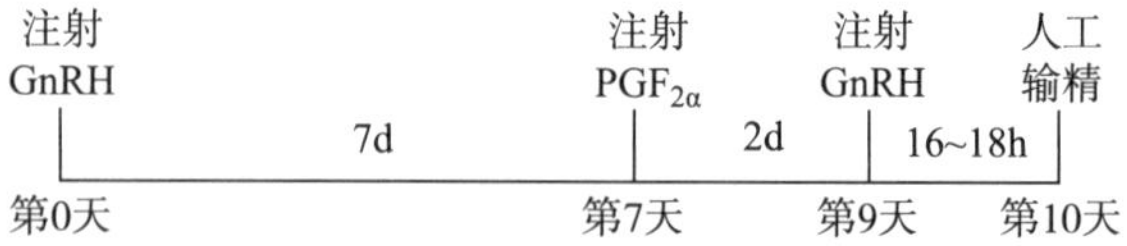

图 5－9 牛 GnRH＋$PGF_{2\alpha}$ 法流程

4. CIDR-Synch 法 在任意一天给母牛注射 GnRH 并埋植阴道孕酮栓（记为第 0 天）；第 7 天注射 $PGF_{2\alpha}$ 并撤出阴道孕酮栓；第 9 天第二次注射 GnRH，16～18h 后（第 10 天）进行人工输精（图 5－10）。

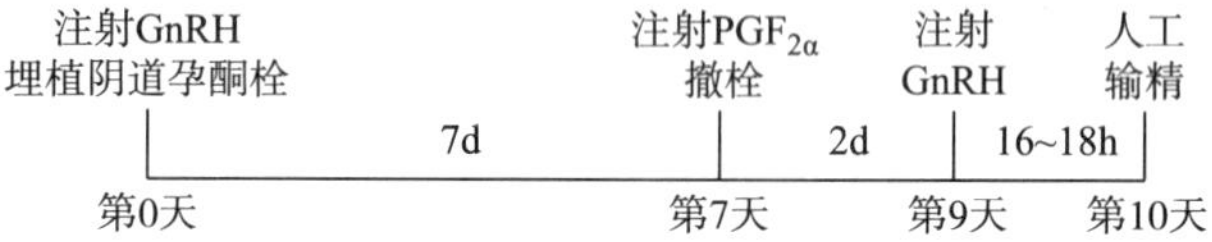

图 5－10 CIDR-Synch 法流程

三、人工授精技术

人工授精的基本环节包括精液采集或冻精解冻、精液品质检查、精液稀释及保存、输精。

（一）精液采集或冻精解冻

1. 种公畜准备 在种公畜配种前 1 个月开始进行采精训练。初次种用的公畜，要经过反复爬跨、采精训练，排空种公畜睾丸中积存的大量死亡精子；在使用前每 2～3d 采精 1 次，使种公畜建立稳定的条件反射。

2. 采精器械准备 将洁净、完整无损的假阴道（图 5－11）的内胎用开水浸泡 3～5min，然后使内胎光面朝内，两端等长套在假阴道外壳上，注意内胎安装应顺滑、松紧适度，并将两端固定，采精口呈 Y 形或 X 形。用 75%酒精棉球消毒内胎，随后用生理盐水棉球擦拭、冲洗。将温水（50～55℃）注入假阴道外壳，采精时假阴道温度保持在 40～42℃。注水量约为外壳与内胎间容量的 1/2～2/3，实践中常以竖立假阴道，水达灌水孔为标准。

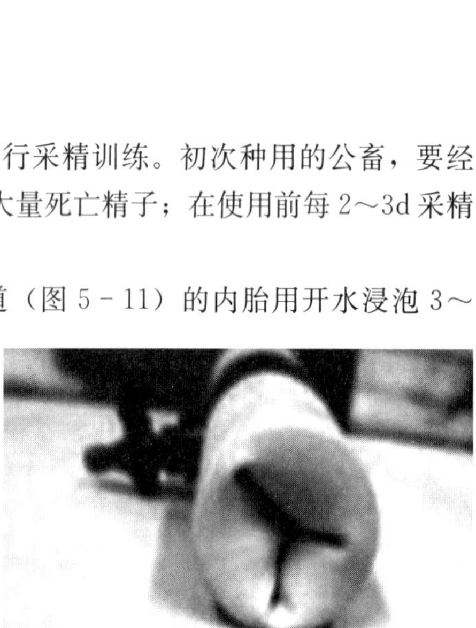

图 5－11 安装好的假阴道

3. 采精操作 种公畜到采精现场后，不要让公畜立即爬跨台畜，应控制几分钟后再爬跨，以增强其性反射，确保所采集精液的质量。公畜阴茎包皮周围部分应擦洗干净。采精人员右手握住假阴道后端，固定好集精杯（瓶），并将气嘴活塞朝下；采精人员蹲在台畜右后侧，让假阴道靠近母畜的臀部，在公畜跨上母畜背侧的同时，将假阴道与地面保持35°～40°，迅速将公畜的阴茎引入假阴道内。采精完毕后将集精杯一端朝下，迅速将假阴道竖起，使精液流入集精杯。最后将精液送检验室待检。

4. 牛冻精解冻 在生产上，羊一般使用鲜精配种，牛则多使用冻精配种。冻精解冻的方法包括低温冰水（0～5℃）解冻、温水（30～40℃）解冻及高温（50～80℃）解冻。一般牛细管冷冻精液可直接浸入温水（38±2)℃中晃动，至颜色变为透明，即可取出。

（二）精液品质检查

1. 外观检查 采集的精液应迅速置于30℃左右的恒温环境中，在18～30℃的室温下进行精液品质检查。正常精液应为乳白色或淡黄色，浓厚而不透明，无味或略带腥味。凡呈红色、褐色、绿色或有臭味的精液，不能用于输精；含有大块凝固物质的精液也不能使用。

2. 活力检查 在载玻片上滴一滴精液，用盖玻片覆盖整个液面，预热至37℃左右，通过显微镜观察精子活力。检查精子活力的同时检查密度。鲜精精子活力达到0.6、冻精精子活力达到0.3即可配种（表5-1）。

表5-1 精子活力评定标准

直线运动精子活力	评定标准
0.8	精子呈云雾状快速翻滚，看不清单个精子运动
0.6	精子呈云雾状稍慢翻滚，看不清单个精子运动
0.3	精子无翻滚动作，且能看到单个精子运动

3. 密度检查 精子密度通常是指每毫升精液中所含精子数。牛羊射精量少（羊每次射精量为0.5～1.5mL，一般1mL左右；牛每次射精量为5～10mL)，但精子密度大，精液的精子密度羊平均为20亿～50亿个/mL，牛平均为50亿～150亿个/mL。采用目测法按表5-2中的评定标准对精子密度进行评定，不同密度的精液见图5-12。

表5-2 精子密度评定标准

精子密度	评定标准
密	密集的精子充满显微镜整个视野，看不清单个精子的活动情况
中	精子间相互距离有1～2个精子的长度，能看清单个精子的活动情况
稀	视野中只有少量精子，且相距很远

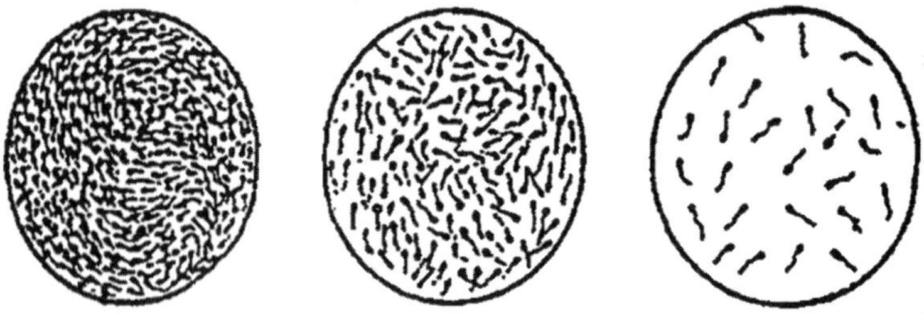

A　　　　B　　　　C

图 5-12　精子密度示意（引自张忠诚，《家畜繁殖学》，2004）

A. 精子密度为密　B. 精子密度为中　C. 精子密度为稀

（三）精液稀释及保存

精液稀释可以增加精液容量，实现公畜利用最大化。按精子密度和活力确定稀释倍数。生产中常用精液稀释液为脱脂牛奶。一般在 30℃水浴中对精液进行稀释。具体操作为：用一次性吸管将稀释液沿杯壁螺旋转入稀释杯中，轻轻吹吸 3～4 次，将精液与稀释液混合均匀。精液稀释比例为 1∶（5～10），品质好的精液可以适当提高稀释倍数，最多不超过 20 倍。稀释完毕后，进行精子活力检查，显微镜下可见直行精子占比在 60%～80%（图 5-13），即可用于输精。

精液一般采用低温保存（0～5℃，冰箱）和冷冻保存（－196℃，液氮罐）两种方法。低温保存用于短期保存，一般可保存精液 1～2d；冷冻保存可长期保存精液。

图 5-13　稀释后精子活力检查

（四）输精

1. 子宫颈口输精

（1）输精器具的准备　因羊个体小，在给羊输精时应准备羊用自制输精保定架（图 5-14A），高度 95～100cm，宽度 1.5～1.8cm。也可制作高度可调的保定架，根据不同畜种的体高进行调节。玻璃集精杯（图 5－14B）、开膣器（图 5－14C）、输精器（图 5－14D）及其他金属器材等用具，使用之前必须彻底洗净消毒。保温板和水浴锅要提前预热，设定温度在 30～35℃。输精器以每只母畜使用 1 支为宜。

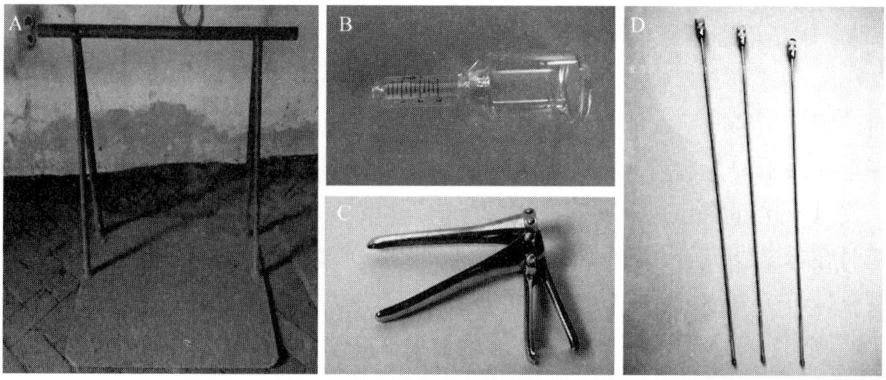

图 5－14　输精用具

（2）输精操作　母羊输精时，将其倒立放置到输精架上。输精员右手持输精器，左手持开膣器，先将开膣器顺阴门方向慢慢插入阴道，旋转 90°，再将开膣器轻轻打开，寻找子宫颈口，将输精器前端插入子宫颈口内 0.5～1.0cm 深处，注入精液（图 5－15）。牛一般站立输精即可。牛人工输精多采用直肠把握输精方法，即右手伸入牛直肠内把握子宫颈，左手持输精器，将输精器沿斜上方伸入阴道内，进入 5～10cm 后再水平插入子宫颈口，穿过子宫颈的 3～5 个皱褶到达子宫体内，右手握住子宫体处的输精器后缓慢注入精液。近年来，为了便于操作，生产中将内镜插入母牛阴道内，观察到子宫颈口，再将输精器插入子宫颈或子宫体，并缓慢注入精液（图 5－16）。

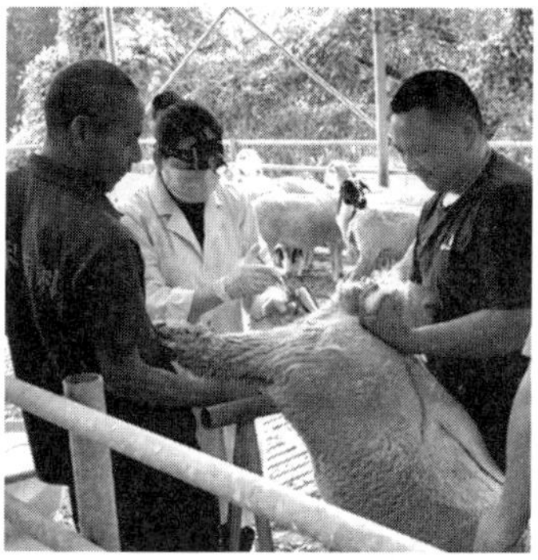

图 5－15　羊人工输精

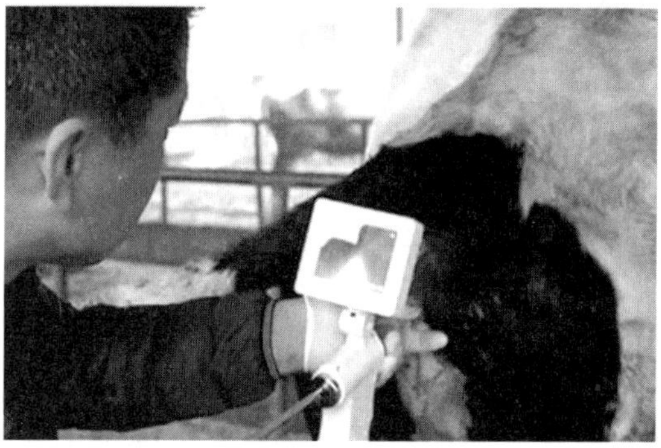

图 5－16　牛人工输精

（3）输精量　羊采用子宫颈口输精，一般输原精 0.05～0.1mL 或稀释精液 0.3～0.5mL；如果采用阴道内输精，输精量应增加 1 倍。牛采用子宫体或子宫颈深部输精，冻精输精量 0.2mL。

（4）输精时间　一般在母畜发情后12～36h输精。在生产上，如果早晨发现母畜发情，可在当天下午输精；如果傍晚发现母畜发情，可于第2天上午输精，第一次输精后间隔12h再输精一次。

2. 子宫角输精　在生产中，为了提高羊的受精率，会采用腹腔镜子宫角输精法（图5-17）。输精前准备好羊用输精手术架（图5-18），子宫角输精器、腹腔镜、手术器械等。

通过试情选出经同期发情处理的发情母羊。母羊输精前24h禁食、禁水。输精时将母羊仰卧保定在手术架上，刮去乳头近腹部被毛，手术部位消毒后将母羊推入输精室。抬高手术架，使母羊尾部抬起45°～60°。

输精时在母羊乳头前方8～10cm腹中线两侧分别刺入穿刺针，避开瘤胃和膀胱。利用内镜观察母羊子宫，将装好精液的输精枪针头于一侧子宫角方向扎入2～3mm，输入精液即可。两侧子宫角各输精一次，每次输精量为0.1～0.2mL。输精完毕，缓慢抽出输精管及内镜、套管等。用碘酊对穿刺部位伤口进行消毒，完成整个输精过程。

输精手术完成后将母羊放平，肌内注射长效青霉素（160万U），并在手术部位喷伤口愈合剂。输精后将母羊放入指定羊舍，观察其进食、饮水及日常状态，状态不佳的母羊进行单圈饲养。

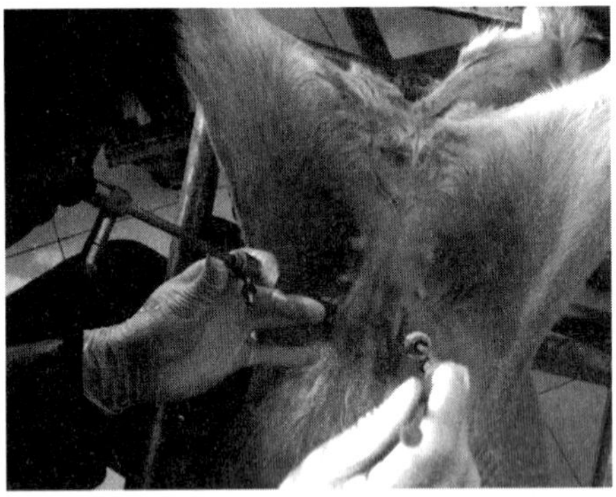

图5-17　腹腔镜子宫角输精法

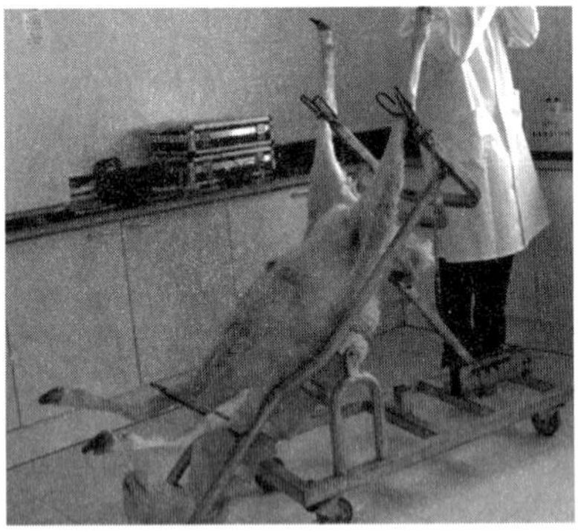

图5-18　羊用输精手术架

四、妊娠诊断

（一）母畜生理变化

妊娠后母畜周期性发情停止，性格温顺，体重增加，配种后3～4个月腹围增大，乳房膨胀。

（二）公畜试情

由于母羊发情表现不明显，因此需要采用公羊试情法进行妊娠诊断。将公羊放入配种后处于发情周期的母羊圈中，母羊不接受公羊爬跨的认为该母羊妊娠。对于母牛，只需观察母牛是否有发情表现，即可判断其是否发情。一般来说，无论是母牛或母羊，配种后连续两个情期不返情的可确诊为妊娠。

（三）直肠检查

直肠检查是对大家畜进行早期妊娠诊断最准确有效的方法之一。母牛配种后 30～45d，排卵侧卵巢存在妊娠黄体，黄体体积较大，突出于卵巢表面，可通过直肠触摸卵巢确定母牛是否妊娠（图 5－19）。

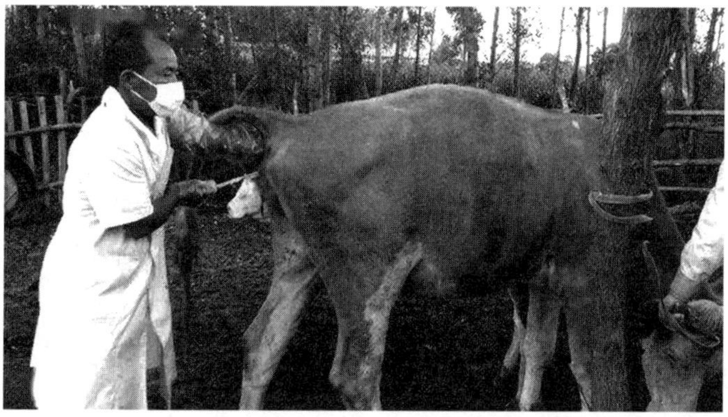

图 5－19　直肠检查法判断母牛是否妊娠

（四）超声波诊断

运用 B 超可进行早期妊娠诊断，一般可在母畜妊娠 4 周后进行。B 超通常配备直肠和腹壁两种探头。腹壁检查主要在母畜后腿根部内侧或乳房两侧的少毛区进行，腹壁探头涂耦合剂后，紧贴皮肤对准盆腔入口子宫方向进行扫描，通过观察胎儿、子叶、胎盘情况，进行妊娠检测（图 5－20）。直肠检查时，将直肠探头涂耦合剂后探入直肠内，送至盆腔入口处，向下呈 45°～90°进行扫描，观察胎儿发育情况（图 5－21）。利用 B 超进行母畜早期妊娠诊断，检测方法简单、快速、直观，且妊娠检测准确率很高。

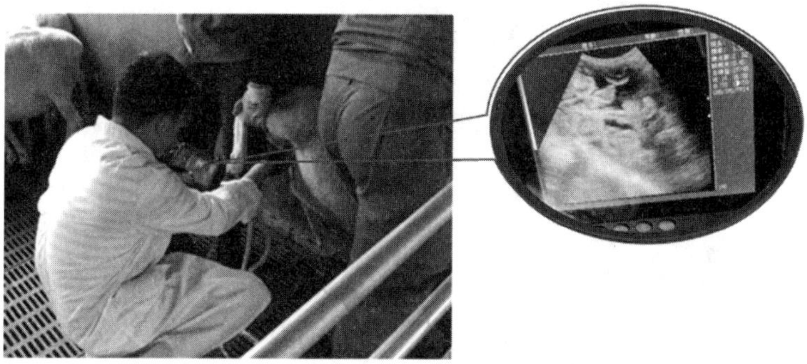

图 5－20　腹壁探头 B 超检查及子宫显像

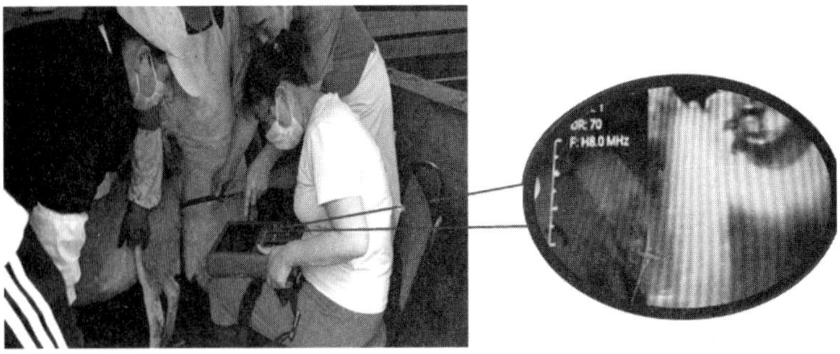

图 5－21　直肠探头 B 超检查及子宫显像

五、分娩与助产

（一）接产准备

将产房清扫干净，用消毒液喷洒消毒。产羔处铺垫短、软、干净的消毒褥草。冬季产房温度保持在 5℃以上。准备肥皂、毛巾、无菌药棉、无菌纱布、注射器、体温计、75％酒精、碘伏、生理盐水、氯前列烯醇等器具和药品。

（二）分娩征兆

临产前数天，母畜乳房表现肿胀、乳头直立。母畜临产前 2～3d，乳房能挤出少量胶状清亮的液体或黄色初乳；阴门肿胀潮红，阴唇上的皮肤皱褶舒展，分泌物稀薄湿滑，频繁排尿；表现不安，不时起卧并回顾腹部；放牧情况下母畜离队，不时鸣叫，有的单独呆立墙角或趴卧；腹部明显塌陷（图 5－22）。母畜产前 2～3h，肷窝明显下陷，骨缝打开，努责，羊膜破裂。

图 5－22　临产母牛

（三）分娩与助产

对于分娩母畜来说，要尽可能让其自行分娩，不可盲目助产。顺产的母畜，羔羊或犊牛先露出两前蹄和头、嘴，羊水流出后 10～30min，幼畜顺利产出。

需要助产时，用手握住前肢，随着母畜的努责，轻轻向斜后方将胎儿拉出。胎位不正时，可抬高母畜后躯，先将胎儿露出部分送回阴道，将手慢慢伸入产道，小心地纠正胎位，把母畜阴道用手撑开，将胎儿两前肢先拉出再送回，重复 3～4 次即可正常产出。

六、初生幼畜护理

（一）脐带消毒

羔羊或犊牛在出生后可自行断脐。为了防止幼畜感染破伤风或者其他病菌，一般在腹部 5cm 处人工断脐，然后用清洁的缝线结扎伤口，再用消毒剂如碘酊进行消毒，以免伤口感染病菌（图 5-23）。

图 5-23　新生羔羊脐带消毒

（二）假死幼畜的急救

早春天气寒冷，有的羔羊或犊牛在出生后虽有心脏跳动，但不呼吸。这是幼畜的一种“假死”现象。遇到这种情况，要迅速把幼畜口、鼻内的黏液清理干净，将其倒提，有节奏地慢慢拍打其胸部两侧。通常这样拍打几次后，幼畜会慢慢开始呼吸。对冻僵的幼畜，可进行温水浴：在盆内倒入 38～40℃ 的温水，把幼畜慢慢放进温水中，注意露出口鼻，一般 0.5h 后即可复苏。

（三）尽早吃初乳

初乳对于初生羔羊或犊牛来说非常重要，一方面初乳可以为幼畜提供丰富的营养物质；另一方面初乳中的镁离子具有轻泻作用，有助于胎便的排出；最重要的是初乳中还有大量的免疫球蛋白，可以帮助幼畜获得抗体，提高幼畜的免疫力和抗病能力。幼畜应在出生后 1h 内吃上初乳。

（四）弱羔护理

有时母羊一胎多羔，加上妊娠期间饲养管理不当，母羊身体虚弱，母乳不足，往往会出现弱羔。此时可把健壮的羔羊留在母羊身边正常哺乳，给弱羔寻找同时或相近时间产单羔的母羊代哺，也可以用产死羔的母羊代哺。对于因身体虚弱或其他原因导致母羊无奶或找不到代哺母羊的羔羊，要进行人工哺乳。人工哺乳时，4 周龄内的羔羊每天喂奶 6～8 次，每次 50mL；5～7 周龄的羔羊，每天喂奶 4～5 次，每次 100mL，以后酌情调整喂量和次数。喂奶工具可采用鸭嘴式奶瓶。

（五）母羊不认羔或需要保姆羊的处理

有些初产母羊母性差或产后死亡，其所产的羔羊需要找保姆羊。此时，应先把羔羊放到母羊面前，把羔羊身上的黏液抹到母羊的口、鼻内，一段时间后，母羊被诱导舔羔。有些母性差的母羊即便是这样诱导仍不舔羔，饲养者要尽快用布擦干羔羊身上的黏液，尽量帮助羔羊站立，使其尽快吃上初乳，以后羔羊即可自然哺乳。羔羊吃上初乳后，如果母羊仍不认羔，可在喂完初乳后，把母羊和幼羔放入单独的圈内，增强亲和力，几天后母羊就会认羔。

06 第六章

牛羊场经营管理技术

牛羊场的经营管理首先要合理核算建设成本，分析影响经济效益的因素，以相对较少的投入获得较大的经济效益，下面以肉牛场和肉羊场为例进行讲解。

一、肉牛场的经营管理

（一）建肉牛场所需手续

1. 土地 新建肉牛场禁止用基本农田，用地要符合乡镇土地利用总体规划。养殖户首先须本人提交申请，写明养殖地点、规模、投资等情况，经审批后，在当地国土资源局办理登记备案手续。

2. 防疫和环保 到县级以上畜牧兽医行政主管部门和生态环境局申报，由相关部门组织人员进行现场实地考察，依据有关法律法规要求，做出答复。合格后发放动物防疫条件合格证和环境影响评价批复手续。

3. 登记备案 到当地畜牧部门登记备案；在县市场监督管理局办理营业执照及组织机构代码证，并做法人登记。

（二）肉牛场规模确定

一般来讲，饲养规模越大，相应的肉牛养殖头均收入水平也越高。但养殖规模的扩大，其总成本也会增加。应通过分析净利润和成本利润两个综合性指标来确定养殖规模，一般小规模牛场以养殖50～100头肉牛为宜。

（三）肉牛场的投资预算

以年出栏100头肉牛规模养殖场为例，购买250kg体重的架子牛育肥，出栏体重500kg，饲养期240d，需要筹建102个单体栏位，栏位长4m、宽1.2m、高0.9m，栏位间过道宽1.5m。全部牛舍占地面积为620m^2，办公用房、饲料车间占地350m^2，道路硬化面积为100m^2，永久性青贮池占地500m^2。

1. 建筑、设备费用

（1）砖瓦结构牛舍建筑费用　造价为300元/m^2，预计使用年限15年。总费用：620m^2×300元/m^2=186 000元，每头牛一个育肥周期分摊的牛舍建筑费用=186 000元÷15年÷

100头＝124元。

（2）机器费用　铡草机5 000元/台，预计使用年限5年；粉碎机5 000元/台，预计使用年限8年，每头牛一个育肥周期分摊的机器费用＝（5 000元÷5年＋5 000元÷8年）÷100头＝16.3元。

（3）永久性砖混结构青贮池费用　需建500m^3青贮池，造价为100元/m^3，预计使用8年，每头牛一个育肥周期分摊的青贮池费用＝500m^3×100元/m^3÷100头÷8年＝62.5元。

（4）办公用房、饲料车间和道路硬化费用　办公用房、饲料车间按280元/m^3计算，预计使用25年，每头牛一个育肥周期分摊的费用＝350m^2×280元/m^2÷100头÷25年＝39.2元；道路硬化按150m^2计算，预计使用15年，每头牛一个育肥周期分摊的费用＝100m^2×150元/m^2÷100头÷15年＝10元。

因此，每头牛承担的建筑总费用＝124元＋16.3元＋62.5元＋39.2元＋10元＝252元。

2. 人工费用　按1人喂养40～50头牛计算，肉牛场需雇工人1名，月工资4 000元。

3. 架子牛育肥费用

（1）购牛的费用　购进架子牛体重250kg，2021年市场价格约36元/kg，每头架子牛成本约9 000元。

（2）饲养费用　平均每头牛每天需要的饲料费用为20元左右，需要的水电费用为0.25元，每头牛在一个育肥周期需要的饲养费用为：（20＋0.25）元/d×240d＝4 860元。

（3）其他费用　日医药费0.2元/头，合计：0.2元/头×240d＝48元。

每头牛一个育肥周期的费用＝每头牛的购入费用＋每头牛一个育肥周期的饲养费用＋其他费用＝9 000元＋4 860元＋48元＝13 908元。

（四）肉牛养殖的效益分析

1. 育肥牛出栏收入　按2021年市场销售价格36元/kg计算，出栏后每头育肥牛收入500kg×36元/kg＝18 000元。

2. 牛粪收入　按0.6元/（头·d）计算，育肥期牛粪收入为240d×0.6元/（头·d）＝144元/头。

育肥牛的收入＝育肥牛出栏收入＋牛粪收入＝18 000元＋144元＝18 144元。

一个年出栏100头肉牛的养殖场收益为：（18 144元－252元－13 908元）×100头－4 000元×8个月＝366 400元。

（五）提高肉牛养殖效益的措施

1. 品种选择

（1）南方地区　推荐使用婆罗门牛、西门塔尔牛、安格斯牛和婆墨云牛（BMY）。

（2）中原地区　推荐使用西门塔尔牛、安格斯牛、夏洛来牛、利木赞牛和皮埃蒙特牛等国外肉牛品种和本地区良种黄牛鲁西牛、南阳牛。

（3）东北地区　建议使用西门塔尔牛、安格斯牛、夏洛来牛、利木赞牛以及黑毛和牛进行杂交改良；或使用国内品种如秦川牛、鲁西牛、南阳牛、晋南牛、延边牛等。

（4）西部地区　西北地区、内蒙古地区推荐使用安格斯牛、西门塔尔牛、利木赞牛、夏洛来牛和国内品种秦川牛；四川西北地区重点应推广大通牦牛等牦牛品种。

2. 精心管理

（1）保持适宜温度　牛舍温度控制在5～21℃。

（2）减少运动　用短绳固定肉牛。

（3）刷拭牛体　每天上、下午分别定时刷拭牛体1次，促进肉牛血液循环，增强其食欲。

（4）适时出栏　定期称重和体尺测量，当发现肉牛背膘明显时，根据市场行情适时出栏。

3. 开辟饲料来源　充分利用当地农作物秸秆、蔬菜、农副产品下脚料等，就地取材，并进行科学的加工和调制以提高其适口性和消化率，广种优质牧草并做好秸秆的青贮、黄贮，合理搭配精粗饲料，从而控制饲养成本，提高经济效益。

4. 区域化、专业化经营　发挥专业化、规模化、信息化、产销一体化等方面的优势。

二、肉羊场的经营管理

（一）建肉羊场所需的手续

参考本章“一、肉牛场的经营管理”相关内容。

（二）肉羊场的生产管理

1. 肉羊场生产业务

（1）动物生产　包括不同类型羊种的放牧、舍饲等。

（2）饲料生产　包括草场改良、人工草地建设、草料收割及加工贮存、饲料购买及配制。

（3）畜产品加工　包括羊肉的加工和贮存。

（4）运输销售　包括分级、包装、运输、营销、资金融通、市场分析等。

2. 肉羊场生产计划

（1）调查肉羊场资产（包括草地、土地的生产能力）、载畜量大小；羊群结构、数量、生产能力；固定资产、流动资金的多少（羊舍、仓库等建筑物可容纳的最大数量）；设备、人力等可发挥的能力。

（2）分析现有肉羊场组织，包括分析现有生产业务种类及其互补、互助、相互矛盾的情况如何；各种生产因素的配合运用是否已达到最佳情况。

（3）找出目前肉羊场存在的问题及其解决方法。

(4) 充分考虑肉羊的种类、数量与饲草料资源和供应能力的配合，产品产量及价格与各种费用的合理估算。

(三) 肉羊场的投资预算

以专业养殖户饲养母羊 20 只为例，饲养方式是放牧和舍饲相结合。精饲料按 100% 计算，干草及青贮饲料按 50% 计算，基础设备器械的费用不计算，人工费和羊粪收入相抵。

1. 种养摊销费 种母羊 20 只，使用年限 5 年，种母羊费用=20 只母羊×价格（元/只）；种公羊 1 只，使用年限 5 年，种公羊费用=1 只公羊×价格（元/只）。

种羊摊销费（元/年）=（种母羊费用+种公羊费用）÷5 年

2. 饲养成本

(1) 种羊饲养成本

①干草：种羊年消耗干草费用=21 只×干草量［kg/（d·只）］×365d×干草价格（元/kg）×50%。

②精饲料：种羊年消耗精饲料费用=21 只×精饲料量［kg/（d·只）］×365d×精饲料价格（元/kg）。

③青贮饲料：种羊年消耗青贮饲料费用=21 只×青贮饲料量［kg/（d·只）］×365d×青贮饲料价格（元/kg）×50%。

以上合计为种羊饲养总成本。

(2) 育成羊饲养成本 育成羊 7 个月出售，5 个月饲喂期。

①干草：育成羊年消耗干草费用=总羔数（只）×干草量［kg/（d·只）］×150d×干草价格（元/kg）×50%。

②精饲料：育成羊年消耗精饲料费用=总羔数（只）×精饲料量［kg/（d·只）］×150d×精饲料价格（元/kg）。

③青贮饲料：育成羊年消耗青贮饲料费用=总羔数(只)×青贮饲料量［kg/（d·只）］×150d×青贮饲料价格（元/kg）×50%。

以上合计为育成羊饲养总成本。

总饲养成本=种羊饲养总成本+育成羊饲养总成本

3. 其他费用 年医药、水电、运输、业务管理总摊销费=10 元/（年·羔）×总羔数（只）。

(四) 肉羊养殖的经济效益

1. 总收入

总收入=总育成数（只）×出栏重（kg/只）×活羊价格（元/kg）

2. 经济效益分析 以饲养 20 只母羊的一个专业养殖户为例：

年总盈利=总收入−年种羊摊销费−总饲养成本−其他费用

（五）提高肉羊养殖效益的措施

1. 品种选择

（1）南方地区　推荐使用波尔山羊、南疆黄羊、贵州白山羊、黑山羊等品种。

（2）中原地区　推荐使用波尔山羊、小尾寒羊、白山羊等品种。

（3）东北地区　建议使用小尾寒羊和波尔山羊等品种。

（4）西部地区　西北地区、内蒙古地区推荐使用大尾寒羊、盐池滩羊、苏尼特羊等品种。

2. 开发非常规饲料资源，科学饲喂　肉羊场应充分利用当地秸秆和农副产品，大力开发非常规饲料资源，并科学地进行加工和调制，提高饲料的适口性和消化率。例如，鲜嫩饲草可直接切短或揉搓后饲喂；谷物饲料如玉米可压片处理；精料补充料制粒；新鲜秸秆制作青贮。

3. 强化防检制度，提高疫病防控水平　必须制定适合本地区的、高效实用的疫病综合防控和诊治技术标准，加大对传染性疾病、寄生虫疾病和主要代谢疾病的预防力度，建立肉羊防疫和疾病治疗的相关标准，规范疫苗、抗生素和抗寄生虫药物等的使用。

4. 推广标准化规模养殖技术　积极引导和支持养殖场（户）走标准化规模养殖之路，大力推广高床舍饲、人工授精、繁殖调控、TMR 饲喂、羔羊早期补饲与快速育肥等技术，完善工厂化、半工厂化条件下肉羊生产的配套设施，同时提高养殖企业的信息化管理水平，真正实现高效标准化养殖。

••• 第二部分

疾病防治

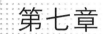

07 第七章 以急性死亡为特征的牛羊疾病

一、炭疽

炭疽是由炭疽杆菌引起的人兽共患的一种急性、热性、败血性传染病，其特征是突然发病、高热稽留，呼吸困难，脾脏肿大，皮下及浆膜下出血性水肿，血液凝固不良呈煤焦油样，尸体极易腐败。世界动物卫生组织（WOAH）将其列为必须报告的动物疫病，我国将其列为二类动物疫病。

（一）识病原

该病病原炭疽杆菌属芽孢杆菌属，革兰氏染色阳性，无鞭毛，不运动。组织病料内常散在，或几个菌体相连呈短链状排列如竹节状，菌体周围有肥厚的荚膜，一般观察不到芽孢。在人工培养基或自然界中，菌体呈长链状排列，两菌接触端如刀切状，于适宜条件下可形成芽孢，位于菌体中央。进行串珠试验时，炭疽杆菌呈串珠状或长链状。

（二）知规律

各种家畜及人对本病均有易感性，牛、羊等草食动物易感性强。病畜是主要传染源，濒死期患病动物体内及分泌物、排泄物中常有大量菌体，若尸体处理不当，炭疽杆菌形成芽孢并污染土壤、水源和牧地，则可形成常在性疫源地。牛、羊通常由于采食污染的饲料和饮水而感染，也可经呼吸道途径或吸血昆虫叮咬传染。该病多发生于夏、秋季节，呈散发性或地方性流行。

（三）看症状

潜伏期一般为1～5d。牛、羊炭疽在临床上可分为最急性、急性和亚急性三种病型。

1. 最急性型 常见于流行初期，绵羊为多。患畜突然倒地、昏迷，呼吸困难，可视黏膜发绀，全身战栗，天然孔常出血。羊多出现摇摆、磨牙、痉挛等症状；个别牛表现兴奋鸣叫或臌气。患畜于数分钟或几小时内死亡。

2. 急性型 较为常见。患畜体温升高至42℃，精神不振，食欲下降或废绝，反刍停止，可视黏膜发绀并有小出血点。病初便秘，后期腹泻带血，甚至出现血尿，少数病例发生腹痛。濒死期体温下降，天然孔出血，于1～2d死亡。

3. 亚急性型 病情较缓，多见于牛。通常在咽喉、颈部、胸前、腹下、肩前等部位皮肤、直肠或口腔黏膜等处发生局限性炎性水肿、溃疡，称为“炭疽痈”，可经数周痊愈。该病型有时也可转为急性，患畜发生败血症而死亡。

（四）观病变

最急性型病例多无明显病变，或仅在部分内脏见到出血点。急性炭疽以败血性变化为主。尸体腹胀明显，尸僵不全，天然孔出血（图7-1），血液凝固不良呈煤焦油样，可视黏膜发绀。全身广泛性出血，皮下、肌肉及浆膜下胶样水肿。脾脏肿大，脾髓软化如糊状。淋巴结肿大、出血，切面多血。肠道发生出血性炎症。部分病例于局部形成炭疽痈。肺和其他器官还可见到浆液性出血性炎症。镜检可发现炭疽杆菌。

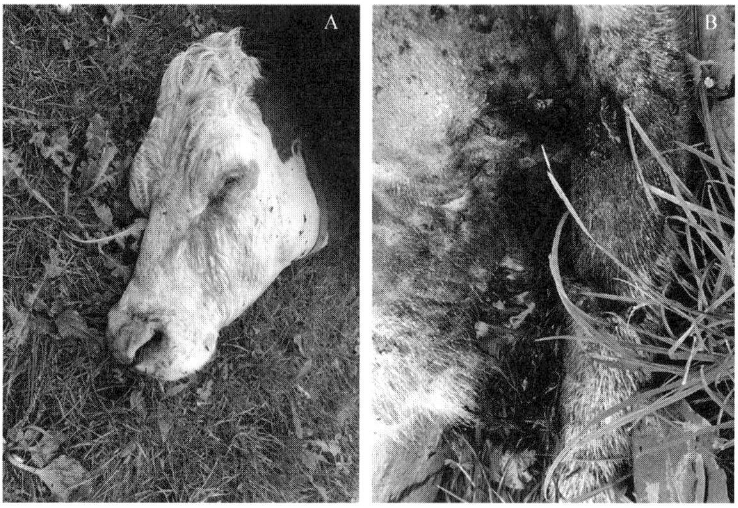

图7-1 死于炭疽感染的牛（引自Braun等，2022）

A. 眼睛和左鼻孔出血 B. 肛门和阴道出血

（五）重预防

常发病区和受威胁区的牛、羊，可用炭疽疫苗进行免疫接种。

（六）早治疗

发病时，应早期诊断，立即上报疫情，划定疫点、疫区，采取隔离、封锁措施。对假定健康牛群用无毒炭疽芽孢疫苗进行紧急接种。被污染的土壤铲除15～20cm深度，并与20%漂白粉溶液混合后深埋。畜舍及环境用20%漂白粉溶液或10%氢氧化钠溶液喷洒3次，每次间隔1h。患畜的垫草和粪便要焚烧处理，尸体要深埋或焚烧。

早期使用血清、抗生素及磺胺类药物治疗有效，但用药剂量要足。

【方案 1】应用抗炭疽血清（以同种动物血清为好），成年牛剂量为 100～300mL/次，犊牛剂量为 30～60mL/次，皮下或静脉注射，必要时 12h 后再注射 1 次。

【方案 2】应用磺胺嘧啶钠注射液，剂量为每天 0.05～0.1g/kg（以体重计），分 3 次肌内注射，首次用量加倍。

【方案 3】应用抗生素，可选用青霉素 2.5 万～5 万 U/kg（以体重计）、链霉素 10～15mg/kg（以体重计），肌内注射。以青霉素最常用，但使用时必须加大剂量。

二、巴氏杆菌病

牛羊巴氏杆菌病又称出血性败血症，是由多杀性巴氏杆菌引起的牛和绵羊的一种急性热性病。常以高热，呼吸道及肺部炎症，间或呈现急性胃肠炎以及内脏器官广泛性出血为特征。

（一）识病原

该病病原为多杀性巴氏杆菌，属革兰氏阴性菌，多单个或成对存在。瑞氏染色或美蓝染色菌体两极着色。

（二）知规律

1. 传播途径 主要是消化道和呼吸道，也可通过吸血昆虫和损伤的皮肤、黏膜感染。

2. 易感动物 不同品种、年龄的牛、羊均可感染，多见于犊牛。

3. 流行特点 无明显季节性，但以冷热交替、气候剧变、闷热潮湿的季节多发。一般呈散发或地方流行性。

4. 发病诱因 环境卫生不良，遭遇寒冷、闷热、气候剧变、潮湿、拥挤、阴雨连绵、营养缺乏、饲料突变、过度疲劳、长途运输等应激时，致使机体抵抗力下降，导致内源性感染。

（三）看症状

该病潜伏期 2～5d。根据临床表现，该病常表现为急性败血型、浮肿型、肺炎型。

1. 急性败血型 患畜初期体温高达 41～42℃，精神沉郁、反应迟钝、肌肉震颤，呼吸、脉搏加快，眼结膜潮红，食欲废绝，反刍停止。患畜表现为腹痛，常回头观腹，粪便初为粥样，后呈液状，并混杂黏液或血液且具恶臭。一般病程为 12～36h。

2. 浮肿型 除表现全身症状外，特征性症状是患畜下颌、喉部肿胀，有时水肿蔓延到垂肉、胸腹部、四肢等处。眼红肿、流泪，有急性结膜炎。呼吸困难，皮肤和黏膜发绀、呈紫色至青紫色，常因窒息或下痢虚脱而死。

3. 肺炎型 主要表现纤维素性胸膜肺炎症状。患畜体温升高，呼吸困难，痛苦干咳，有泡沫状鼻液，后呈脓性。胸部叩诊呈浊音，有疼感。肺部听诊有支气管呼吸音及水泡性杂音。眼结膜潮红，流泪。有的病牛会出现带有黏液和血块的粪便。该病型最为常见，病程一般为3～7d。

（四）观病变

1. 败血型

（1）可视黏膜充血或淤血、呈紫红色，从鼻孔流出黄绿色液体。

（2）皮下组织、胸腹膜、呼吸道和消化道黏膜以及肺脏有点状或斑状出血。

（3）脾脏被膜密布有点状出血。

（4）心、肝、肾等实质器官变性，心包积液。

（5）全身淋巴结充血、水肿。

2. 水肿型

（1）下颌、咽喉部、颈部、胸前及两前肢皮下有不同程度的肿胀，大量橙黄色浆液浸润。

（2）下颌、颈部及纵隔淋巴结呈急性肿胀，切面湿润，充血或出血。

（3）全身浆膜、黏膜有出血点。

（4）胃肠黏膜呈急性卡他性或出血性炎症。

3. 肺炎型 除伴有败血型典型病变外，主要表现为纤维素性肺炎和胸膜炎。

（1）胸腔积液，肺脏表面密布有出血斑或被覆纤维素薄膜，质硬，呈暗红色或灰红色，气管内有大量的泡沫。

（2）病程稍长，肺脏可见大小不等的灰黄色坏死灶，周围形成结缔组织包囊，小叶间结缔组织水肿，切面呈大理石样。

（五）重预防

1. 加强饲养管理 均衡营养，改善养殖环境，调节温度、湿度、通风及饲养密度等，避免牛群过于拥挤，经常打扫圈舍，保持清洁卫生。

2. 免疫接种 目前，普遍使用的是牛多杀性巴氏杆菌病灭活疫苗，皮下或肌内注射，体重100kg以下的牛，每头注射4.0mL，体重100kg以上的牛，每头注射6.0mL，免疫期为9个月。成年牛每年春、秋季各注射1次，犊牛4.5～5月龄首免。

（六）早治疗

治疗原则：抗菌消炎，解热镇痛，止咳平喘，消除水肿。

【方案1】应用抗出血性败血病血清，大牛剂量为60～100mL，小牛剂量为20～40mL，皮下或静脉注射。注射后12～24h内病情未见好转，可重复应用1次。

【方案2】应用10%磺胺嘧啶钠注射液200～300mL，静脉注射，每天2次，直至体温下降、全身症状好转，再继续用药2d。犊牛与羊剂量减半。

【方案3】应用盐酸土霉素（每千克体重10～15mg）或四环素（每千克体重5～

10mg)，溶于5%葡萄糖溶液中静脉注射，每天2次，连用3～5d。

【方案4】应用头孢噻呋钠，剂量为2.2mg/kg，一次肌内注射。

【方案5】加减普济消毒饮（300kg左右，牛用）：大黄、薄荷、玄参、柴胡、桔梗、连翘、荆芥、板蓝根各60g，酒黄芩、甘草、马勃、牛蒡子、青黛、陈皮各30g，滑石120g，酒黄连25g，升麻20g。水煎候温灌服。

三、牛猝死症

牛猝死症，一般认为是由产气荚膜梭菌引起的以牛突然死亡、消化道和实质器官出血为特征的急性传染病。

（一）识病原

该病病原产气荚膜梭菌为两端稍钝圆的大杆菌，可形成芽孢，呈卵圆形。革兰氏染色阳性。产气荚膜梭菌有A、B、C、D、E五型，以A型引起牛发病最多。

（二）知规律

该病常散发，1～2周龄牛多见，偶见于成年牛；体质较好的犊牛易发，病死率高。

（三）看症状

患牛发病急骤，数小时内突然死亡；病程稍长者，可见腹泻症状，粪便带血、混有气泡，颜色为黄红色，呻吟哞叫，弓腰努责。

（四）观病变

患牛腹部皮下水肿，腹腔积液，肠系膜充血，表面有纤维素；真胃和空肠黏膜出血（图7-2），小肠黏膜充血、出血（图7-3）。

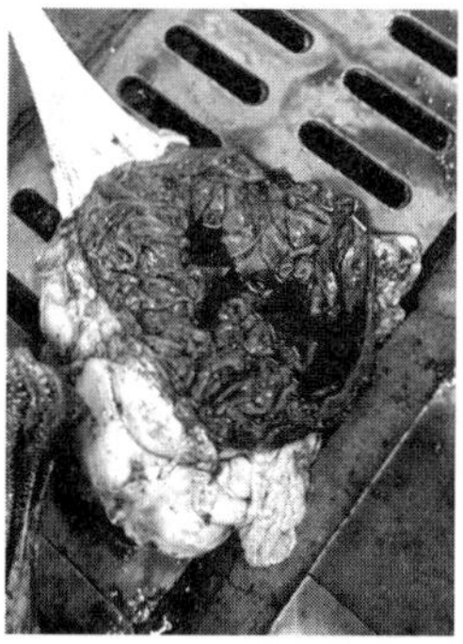

图7-2　真胃黏膜出血，肠腔内积血

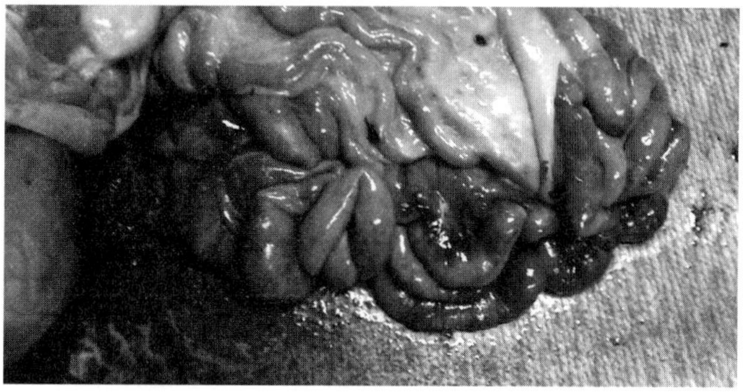

图7-3　小肠黏膜弥散性出血

（五）重预防

该病发病急，患牛往往来不及治疗就突然死亡，所以应重视预防。

1. 加强饲养管理 首先要根据牛生长、发育、生产、繁殖等不同阶段的饲养标准提供优质科学的全价配合饲料，严禁饲喂发霉、腐败、劣质饲料。同时要特别注意精、粗饲料搭配，保证提供适量的青干草。

2. 注意卫生消毒 产气荚膜梭菌广泛存在于自然界，一般消毒药均可将其杀死，但芽孢抵抗力较强，需要95℃、2.5h才能杀死。为了有效杀灭病原，牛饲养场要坚持各项卫生防疫制度，保持牛场清洁干燥，及时清扫粪便，对场地、用具、设施要经常用氢氧化钠、漂白粉等消毒处理，杀灭病原，适时通风。病死牛及其分泌物、排泄物一律烧毁或深埋，做无害化处理。近年来犊牛发病数增多，对初产犊牛应注意脐带的消毒，加强挤奶、喂奶操作时的消毒卫生，保持犊牛舍的清洁干燥。对产后母牛也应加强护理，做好饲养管理和保持环境卫生，降低母牛产后发病死亡率。

3. 免疫接种 发生过该病或饲养环境不太好的牛饲养场，建议进行产气荚膜梭菌疫苗免疫。

四、羊梭菌性疾病

羊梭菌性疾病常见有羊快疫、羊猝狙、羊肠毒血症、羔羊痢疾、羊黑疫等疾病。这类疾病的特点是患羊大多发病急、病程短、病死率高，一旦发生来不及治疗，会造成很大损失。使用疫苗进行免疫接种是防控该病的主要措施。

（一）识病原

羊梭菌性疾病是由梭状芽孢杆菌属中的微生物所致的一类疾病，包括腐败梭菌和产气荚膜梭菌，产气荚膜梭菌分为A、B、C、D和E型。不同的病原可以引起羊的不同疾病，羊快疫、羊猝狙、羊肠毒血症、羔羊痢疾和羊黑疫分别是由于感染腐败梭菌、C型产气荚膜梭菌、D型产气荚膜梭菌、B型产气荚膜梭菌和B型诺维氏梭菌所引起。挑取单个菌落镜检，可见菌体呈直杆状，两端钝圆，单个或成对排列，革兰氏染色阳性。

（二）知规律

1. 流行情况 羊梭菌性疾病的病菌广泛存在于自然界和羊肠道内，当羊体免疫力下降，就会诱发疾病。该病发病率虽然不高，但死亡率极高。

2. 传染源 包括污水、草、饲料、土壤、粪便及带菌的健康羊和病羊肠道。

3. 传播途径 经消化道、伤口等传播。

（三）看症状、观病变

1. 羊快疫

（1）易感动物　该病主要为绵羊，尤其是6～18月龄的绵羊。

（2）临床特征　患羊突然发病，病程短，死亡快；脱水衰竭，磨牙，呼吸困难，昏迷；有的腹部膨大（图7-4），排黑色稀粪，间或带血丝等。

（3）典型病理变化　真胃、十二指肠黏膜有明显的充血、出血、水肿，甚至有溃疡。

2. 羊猝狙

（1）易感动物　1～2岁绵羊易发。

（2）临床特征　患羊突然发病，病程极短，迅速死亡；死前卧地不起，表现不安，衰弱，痉挛，眼球突出，头颈向后弯曲（图7-5）。

（3）典型病理变化　胃肠道呈出血性、溃疡性炎症变化，肠内容物混有气泡；肝肿大、质脆、色多变淡，常伴有腹膜炎。

图7-4　羊快疫：患羊突然死亡，腹部膨大

图7-5　羊猝狙：患羊出现神经症状，头颈向后弯曲

3. 羊肠毒血症

（1）易感动物　绵羊易发，以2～12月龄高发，山羊偶尔感染。

（2）临床特征　患羊腹泻、惊厥、麻痹，病程急速，发病突然，有时见到病羊向上跳跃，跌倒于地，发生痉挛，于数分钟内死亡。

（3）典型病理变化　肾脏软化（图7-6），肠道（尤其小肠）黏膜出血。

4. 羔羊痢疾

（1）易感动物　主要感染7日龄以内初生羔羊，以2～3日龄最为多发。

（2）临床特征　患羊精神沉郁，头垂背弓，停止吮乳，剧烈腹泻，粪便呈粥状或水样，色黄白、黄绿或灰白，恶臭；后期大便带血，肛门失禁，眼窝下陷，卧地不起，最后衰竭而死（大多24h内）。

（3）典型病理变化　小肠尤其是回肠，有严重的出血和溃疡，溃疡周围有出血带环绕，俗称“红肠子”病。

5. 羊黑疫

（1）易感动物　1岁以上的绵羊易感，以2～4岁的肥胖绵羊发生最多。

（2）临床特征　病程短，患羊大多不表现明显症状就突然死亡，出现掉群，不食，呼吸困难，体温41.5℃左右，呈昏睡俯卧，并保持在这种状态下突然死亡。

（3）典型病理变化　肝脏充血、肿胀，从表面可看到或摸到有一个到多个凝固性坏死灶（图7-7），坏死灶的界线清晰，呈灰黄色的不规整圆形，周围常被一鲜红色的充血带围绕，坏死灶直径可达2～3cm，切面呈半圆形。

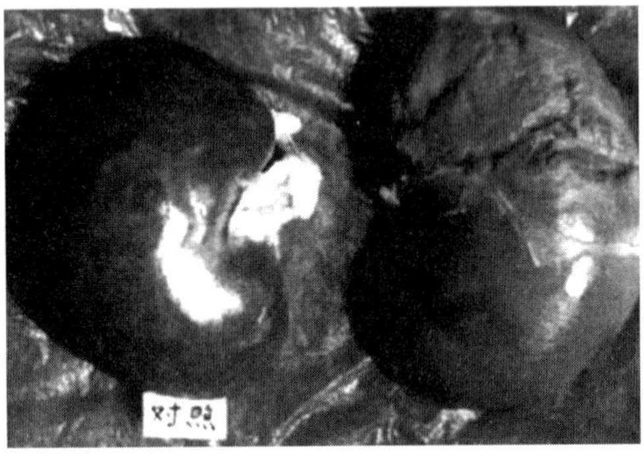

图7-6　羊肠毒血症：右肾软化，肾实质呈稠糊状与被膜粘连，左为正常对照

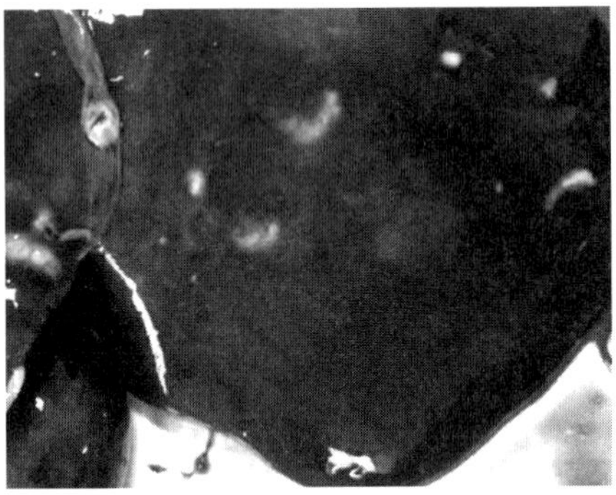

图7-7　羊黑疫：肝脏黄白色坏死灶

（四）重预防

患羊发病急，死亡快，病死率高，大多病例来不及治疗，部分患羊即使治疗也难以达到理想效果，因此要以预防为主。

1. 免疫接种　对未发病的羊提前用羊快疫、羊猝狙、羊肠毒血症、羔羊痢疾三联四防疫苗进行免疫接种，皮下或肌内注射，每头份5mL。羊猝狙、羊快疫、羔羊痢疾免疫期为12个月，羊肠毒血症免疫期为6个月，一般在春、秋季各免疫1次。

2. 加强饲养管理

（1）当发生梭菌性疾病时，转移牧地，将所有未发病羊由低洼、沼泽地区转移到高燥地区放牧，可减少和阻止发病。

（2）加强饲养，提高羊群的抵抗力，精、粗、青饲料合理搭配，尤其对于孕羊，好的体况才能保证产后有充足的乳汁。

（3）防止羊受寒感冒，注意母羊及羔羊的保温，避免羊采食冰冻饲料，早晨出牧不要太早。

（4）羔羊出生保证吃到初乳，脐带严格消毒，并做好圈舍消毒工作。

（5）引羊时尽量引入经过免疫后的健康羊。

（6）对已经发病的羊隔离治疗，病死羊做严格的无害化处理。

五、瘤胃酸中毒

瘤胃酸中毒又称急性糖类过食，是因牛羊采食大量的谷类或其他富含糖类的饲料后，瘤胃内产生大量乳酸而引起的一种急性代谢性酸中毒。

（一）识病因

牛羊突然采食大量富含碳水化合物的饲料，特别是加工、粉碎后的谷物，如小麦、玉米、大麦、高粱、谷子等，在瘤胃微生物的作用下，产生大量乳酸而中毒；或过量采食甜菜或发酵不全的酸湿酒糟、嫩玉米等造成瘤胃酸中毒。

（二）看症状

1. 轻度 患畜精神稍差，食欲减少，反刍无力，嗳气停止，流涎（图 7－8），呕吐（图 7－9），腹围增大，瘤胃轻度臌气，排出恶臭呈褐色的稀软粪便，四肢无力，不灵活。

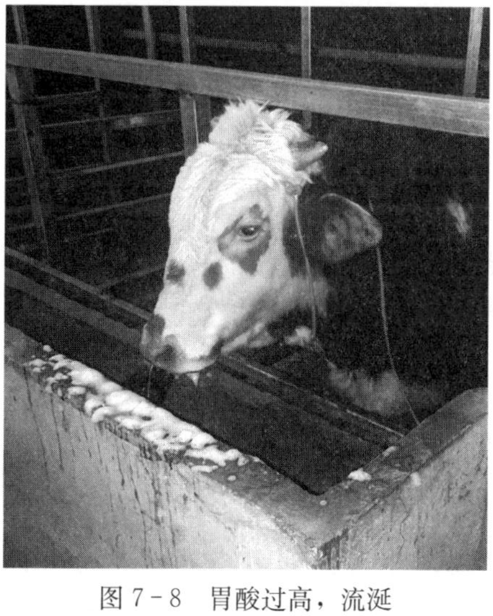

图 7－8 胃酸过高，流涎

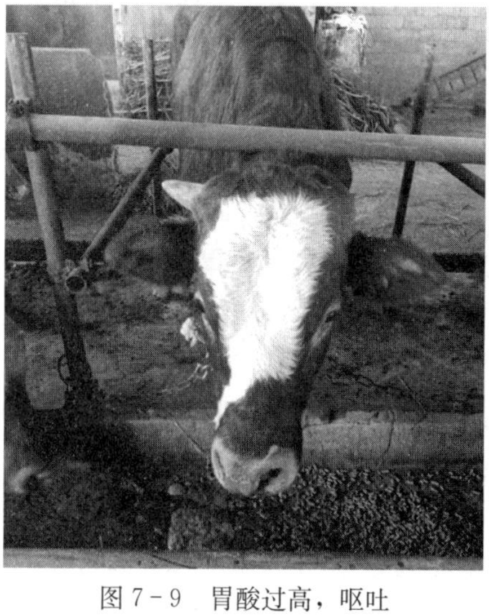

图 7－9 胃酸过高，呕吐

2. 中度 患畜精神沉郁，食欲废绝，饮欲增加，不愿走动，喜卧，步态不稳，后躯左右摇摆，目光呆滞，磨牙。眼结膜充血，心率加快，呼吸浅快，体温升高至 39.2～40.0℃，左腹部膨大，排出较多酸臭混有精饲料的稀便。

3. 重度 患畜精神极度沉郁，对外界反应迟钝，闭目不睁，卧地不起，粪便稀软（图 7－10），呈昏睡状，有的头颈歪向一侧贴地呻吟。按压瘤胃内容物较软，少尿或无尿，鼻镜发红，眼球凹陷（图 7－11），血液黏稠，口干黏呈暗红色。有的停止排粪。

图 7-10　卧地不起，粪便稀软
（因偷食 5kg 左右玉米压片）

图 7-11　眼球凹陷，脱水严重

（三）重预防

正确配制日粮，严格控制谷物精饲料的饲喂量，防止牛羊偷食精饲料。不要过饲富含蛋白质的饲料以及腐败变质的豆科牧草等。

（四）早治疗

治疗该病主要是抑制乳酸产生，保护瘤胃黏膜，排除瘤胃内容物，纠正酸中毒，防止脱水，兴奋瘤胃，恢复瘤胃运动机能。

【方案 1】采用大口径胃管，用 1%～3%碳酸氢钠温溶液或 5%氧化镁温溶液反复洗胃；也可用石灰水（生石灰 1kg，加水 5kg，充分搅拌，取上清液）洗胃，直至胃液呈碱性为止，最后再灌入 500～1 000mL。

【方案 2】应用液状石蜡或植物油 1 000～1 500mL，大黄苏打片（0.5g/片）200～500 片，混合后一次灌服。应用新斯的明 10～20mg、复合维生素 B 10～20mL，分别肌内注射。

【方案 3】为防止脱水性休克和自体中毒，静脉注射生理盐水 2 000～4 000mL、10%樟脑磺酸钠 10～20mL、维生素 C 2～5g；纠正酸中毒，静脉注射 5%碳酸氢钠溶液 1 000～2 000mL；为防止继发感染，静脉注射生理盐水 500～1 000mL、阿莫西林 3～6g、地塞米松 10～20mg。

【方案 4】应用曲蘗散合大承气汤加减：焦三仙各 150g，莱菔子 100g，鸡内金 60g，苍术 60g，川楝子 40g，焦槟榔 60g，大黄 200g，芒硝 400g，青皮 60g，陈皮 60g，厚朴 60g，枳壳 40g，连翘 30g，醋香附 60g，甘草 30g。共为末，开水冲调，1 剂分 2 次服用，每次灌服时加入小苏打 50～100g。每天 1 剂，连服 2～3 剂。

注意：轻症病例，选用方案 2 或方案 4。较重病例，选用方案 2 或方案 4，同时配合使用方案 3。严重病例，选用方案 2 或方案 4，同时配合使用方案 1 和方案 3。

08 第八章

以流涎、咀嚼和吞咽困难为特征的牛羊疾病

一、口蹄疫

口蹄疫是由口蹄疫病毒引起的一种急性、高度接触性、热性人兽共患传染病，主要侵害牛、羊、猪等偶蹄类动物。其临床特征是在口腔黏膜、趾间、蹄冠及乳房等处皮肤形成水疱和烂斑。

（一）识病原

口蹄疫病毒属微RNA病毒科口蹄疫病毒属，病毒可分为O型、A型、C型、南非Ⅰ型、南非Ⅱ型、南非Ⅲ型和亚洲Ⅰ型7个不同的血清型。目前，在我国存在的口蹄疫毒株主要为O型、亚洲Ⅰ型和A型。口蹄疫病毒具有多型性、易变异的特点，各血清型间无交叉免疫性，但在临床症状方面的表现相同。

（二）知规律

1. 传染源 患畜和潜伏期动物是最危险的传染源。发热期，患畜的血液中病毒含量高；退热后，在乳汁、口涎、泪液、粪便、尿液等分泌物中都含有一定量的病毒。

2. 传播途径 主要经消化道感染，也可经呼吸道感染。

3. 流行特点 无明显季节性。传播快、流行广、发病急、危害大，疫区发病率可达50%～100%，犊牛死亡率较高，其他动物则较低。一般呈良性经过，病死率1%～3%。

4. 易感动物 主要侵害偶蹄动物（牛、羊、猪、骆驼等），犊牛最易感。

（三）看症状

根据病变特征和危害程度可将口蹄疫分为良性口蹄疫和恶性口蹄疫。

1. 良性口蹄疫 多发生于成年牛。患牛体温升高，可达41℃，明显流涎；鼻镜、齿龈、舌黏膜、趾间皮肤和乳头初期出现肿胀和水疱，后水疱逐渐破溃形成糜烂、溃疡和结痂；可出现腹泻症状，严重时排黑红色带血的稀便。

2. 恶性口蹄疫 主要发生于犊牛。患牛可无明显临床症状而突然死亡，有的病例先出现精神沉郁后很快死亡。

（四）观病变

除口腔、蹄部、乳房病变外，有时食道和瘤胃黏膜也有水疱和烂斑。出血性胃肠炎，肺脏呈浆液性浸润。心包内有大量混浊黏稠的液体；心内、外膜出血，心肌质地松软，切面有灰白色或淡黄色的斑纹，如同虎皮状斑纹，俗称“虎斑心”。

（五）重预防

1. 加强检疫 密切关注疫情动态。不从疫区引进牛与其他易感动物的畜产品。

2. 加强饲养管理 保持牛舍及周围环境清洁、卫生，并定期消毒，增强牛群的抵抗力。

3. 免疫接种 我国对口蹄疫实行强制免疫，免疫密度必须达到100%。目前使用的疫苗有口蹄疫O型、亚洲Ⅰ型二价灭活疫苗（OJMS株＋JSL株），口蹄疫O型、亚洲Ⅰ型、A型三价灭活疫苗，牛口蹄疫O型灭活疫苗，口蹄疫A型灭活疫苗等。农业农村部推荐的免疫程序：规模化养殖场，犊牛90日龄左右进行首免，间隔1个月后二免，以后每隔4～6个月免疫1次；散养户，春秋两季对所有易感家畜进行一次集中免疫，每月定期补免。

注意：口蹄疫属于我国规定的一类动物疫病，一旦发病，应及时上报疫情，采取隔离、封锁、紧急免疫、扑杀及无害化处理等措施，将损失降到最低。

二、牛恶性卡他热

牛恶性卡他热是由恶性卡他热病毒引起的一种急性、热性、非接触性传染病。该病的特征是持续发热，口、鼻流出黏脓性鼻液，眼黏膜发炎，角膜混浊，并有脑炎症状，病死率很高。

（一）识病原

恶性卡他热病毒属于疱疹病毒科恶性卡他热病毒属。其病原有两种：狷羚属疱疹病毒1型和绵羊疱疹病毒2型，自然宿主分别为角马、绵羊和牛。

（二）知规律

黄牛、水牛易感。多发生于1～4岁的牛，老龄牛及1岁以下的牛发病较少。该病以散发为主，患牛不能接触传染健康牛，主要通过绵羊、角马以及吸血昆虫而传播。

（三）看症状

该病分最急性型、消化道型、头眼型、温和型。患牛高热稽留（体温40～42℃），鼻液增多，呈黏性或脓性（图 8-1），形成痂皮堵塞鼻孔导致呼吸困难；口腔黏膜坏死、溃疡，流涎（图 8-2）；结膜炎（图 8-3），流泪，眼睑肿胀，角膜混浊（图 8-4）；末期表现食欲废绝，关节肿胀，脑炎（兴奋不安，眼球震颤，运动失调），腹泻。

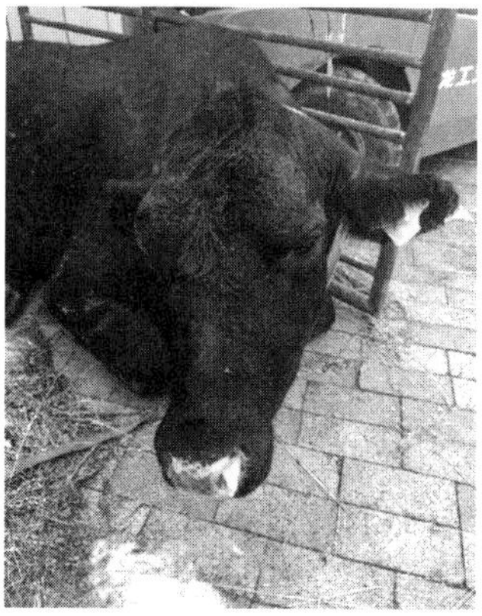

图 8-1　患牛流脓性鼻液

图 8-2　患牛流涎

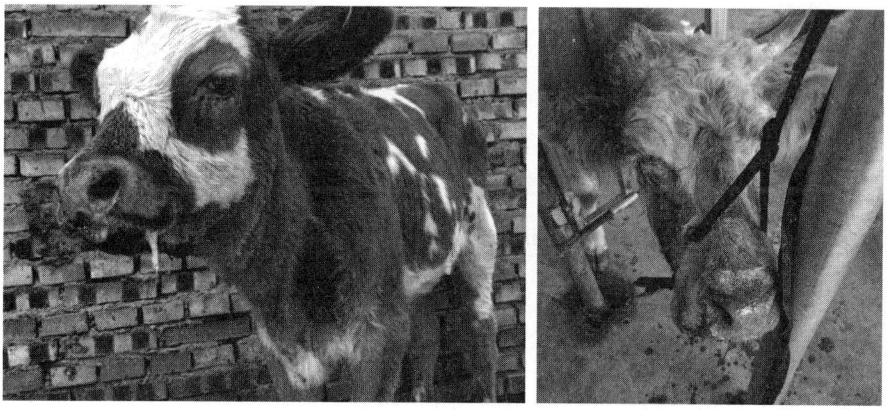

图 8-3　患牛结膜发炎

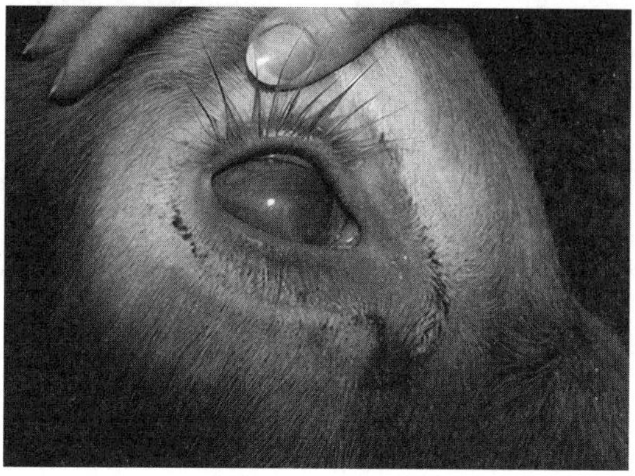

图 8-4　角膜混浊

（四）观病变

食道黏膜充血、糜烂，并有假膜；鼻、支气管及气管黏膜充血、出血、溃疡；脑膜脑炎，淋巴结出血、肿大。

（五）重预防

该病重在预防，治疗难度大，患牛表现明显症状后多以死亡告终。

三、羊口疮

羊口疮又称羊传染性脓疱病，是由病毒引起的绵羊和山羊的一种接触性传染病，以口唇、舌、鼻、乳房等部位形成丘疹、水疱、脓疱和疣状结痂为特征。

（一）识病原

羊口疮病原是传染性脓疱病毒，其属于痘病毒科副痘病毒属。病毒粒子呈砖形，含双股 DNA，有囊膜。

（二）知规律

该病只危害绵羊和山羊，以 3～6 月龄羔羊发病最多。一年四季均可发生，但最常发生于初春或春末夏初、气候炎热、干旱及枯草季节。病羊和带毒羊是传染源。感染途径主要是皮肤或黏膜的擦伤。由于病毒的抵抗力较强，该病在羊群中可连续为害多年。

（三）看症状

1. 口唇型 口腔、唇及鼻出现明显水疱或脓疱（图 8－5）。

2. 蹄型 蹄部出现水疱或脓疱（图 8－6）。

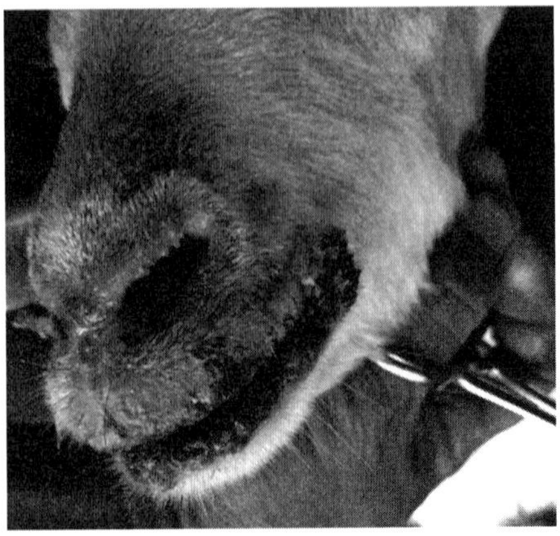

图 8－5 患羊唇部水疱

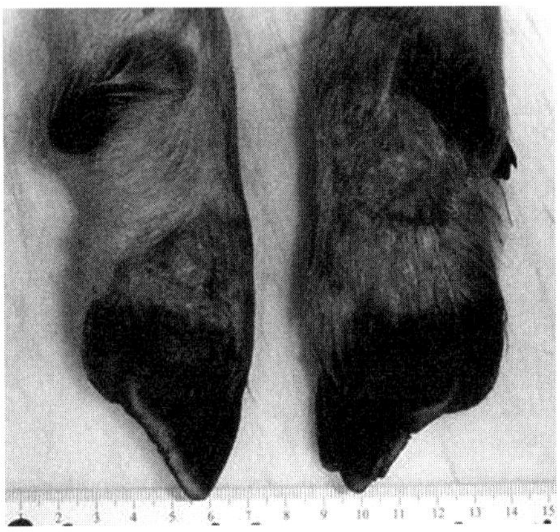

图 8－6 患羊蹄部脓疱

3. 外阴型 外阴发生脓疱或溃疡，阴道内流出大量的脓性分泌物，并且在乳房或乳头上形成脓疱或水疱。

（四）重预防

1. 加强饲养管理 不从疫区引进羊或购入饲料、动物产品。引进羊必须隔离检疫2～3周，同时应将其蹄部多次清洗、消毒，证明无病后方可混入大群饲养。

2. 免疫接种 该病流行区用羊口疮弱毒疫苗进行免疫接种，使用疫苗毒株应与当地流行毒株相同。

（五）早治疗

发病时，患羊应立即隔离治疗，用2%氢氧化钠溶液、10%石灰乳或20%草木灰溶液彻底消毒用具和羊舍。患羊可先用水杨酸软膏将垢痂软化，除去垢痂后再用0.1%～0.2%高锰酸钾溶液冲洗创面，然后涂2%甲紫、碘甘油溶液或红霉素软膏，每天1～2次，直至痊愈。蹄型患羊则可将蹄部置5%～10%福尔马林溶液中浸泡1min，连续浸泡3次。为防止继发感染，必要时可应用抗生素或磺胺类药物。也可注射双黄连、板蓝根、银黄等中药针剂。

四、牛放线菌病

牛放线菌病是由牛放线菌和林氏放线杆菌引起的一种慢性传染病。该病的特征为头、颈、领下和舌坚硬、肿胀。

（一）识病原

牛放线菌病的主要病原为牛放线菌和林氏放线杆菌。牛放线菌主要侵害硬组织，为革兰氏阳性菌；林氏放线杆菌主要侵害软组织，为革兰氏阴性菌。

（二）知规律

患牛为传染源。以2～5岁幼龄牛最易患病。该病主要经食物或饮水传播。常呈散发性发生，特别是牛换牙时更容易发生。

（三）看症状

患牛常见上颌骨、下颌骨肿大（图8-7），有硬的结块，咀嚼、吞咽困难。有时，硬结破溃、流脓，形成瘘管。舌组织感染时，活动不灵，称为木舌，流涎，咀嚼困难。乳房患病时，出现硬块或整个乳房肿大、变形，排出黏脓性乳汁。

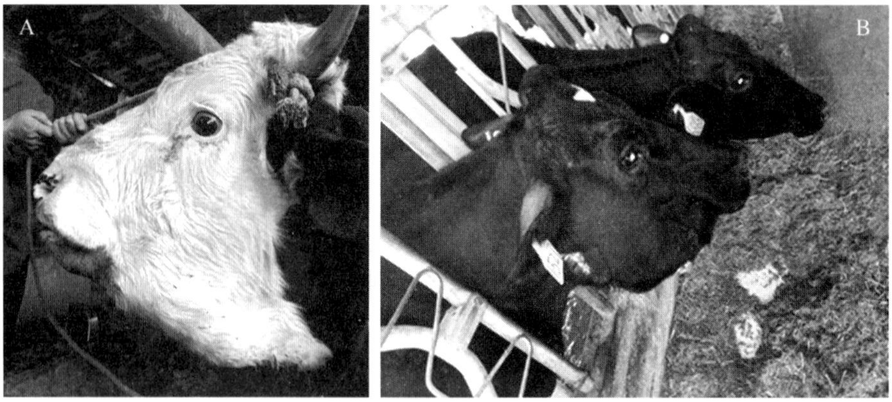

图 8-7　患牛下颌肿大

A. 患病肉牛　B. 患病奶牛

（四）重预防

舍饲时最好将干草、谷糠等饲草浸泡后再饲喂，避免刺伤口腔黏膜，尤其要防止皮肤、黏膜发生损伤，有伤口时要及时处理。

（五）早治疗

【方案 1】应用碘化钾，成牛 5～10g，一次口服；犊牛 2～4g，每天 1 次，连用 2～4 周。重症可用 10%碘化钠注射液 50～100mL 静脉注射，隔天 1 次，连用 3～5 次。如出现碘中毒现象，应停药 6d。

【方案 2】应用青霉素 400 万～800 万 U、链霉素 100 万～300 万 U、0.5%普鲁卡因溶液 20～40mL、病牛自身的血液 10～30mL、地塞米松 5～20mg，混合后患部周围分点注射，每天 1 次，连用 5d。

五、食道阻塞

食道阻塞俗称“草噎”，是食道被食物或异物阻塞的一种严重食管疾病。按阻塞程度分为完全阻塞与不完全阻塞；按阻塞部位分为颈部食道阻塞、胸部食道阻塞、腹部食道阻塞。

（一）知病因

食道阻塞主要是由于动物采食未切碎的萝卜、甘薯、马铃薯、甜菜、苹果、西瓜皮等饲料之后，因咀嚼不充分，吞咽过急而引起。

（二）看症状

1. 患畜突然发病，大量流涎（图 8-8），吞咽障碍，瘤胃臌气。

2. 颈部食道阻塞，可见局部性膨隆（图 8－9），触诊可摸到阻塞物；胸部和腹部食道阻塞时，有多量唾液蓄积于阻塞物上方，触压颈部食道有波动感。用胃管探诊，当触及阻塞物时，感到阻力，不能推进。

图 8－8　牛食道阻塞，头颈伸直，大量流涎（引自 Mccrae 等，2011）

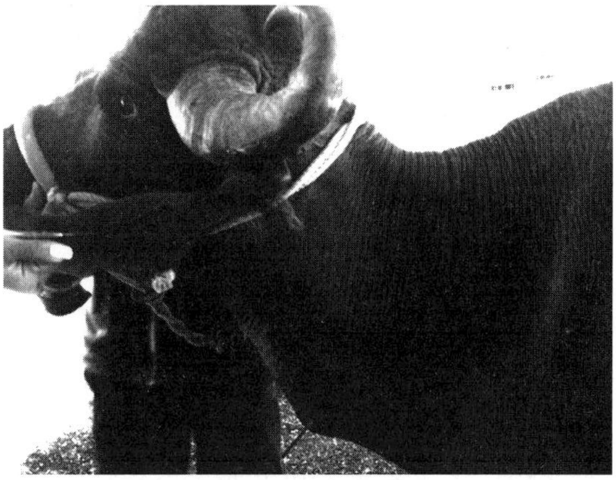

图 8－9　牛颈部食道阻塞物膨隆，突出体表（引自 Kumar 等，2016）

（三）重预防

饲喂块根、块茎饲料时应切碎；豆粕、花生粕等饼粕类饲料应经水泡制后按量给予，防止暴食；注意饲料保管，在堆放马铃薯、甘薯、胡萝卜、萝卜、苹果、梨的地方，不能让牛通过或放牧，防止其骤然采食。

（四）早治疗

治疗该病应解除阻塞，疏通食道，消除炎症，加强护理和预防并发症。

【方案 1】疏导法：当确诊食道阻塞时，可先肌内注射 30％安乃近 20～30mL，然后将植物油（或液状石蜡）50～100mL、1％普鲁卡因溶液 10～20mL，灌入食道内，最后插入胃管将阻塞物徐徐向胃内疏导，多数病例可治愈。

【方案 2】挤压法：牛采食马铃薯、甘薯、胡萝卜等块根饲料，颈部食道发生阻塞时，可参照疏导法，先灌入少量解痉剂，再将患病动物横卧保定，控制其头部和前肢，用平板或砖垫在颈部食道阻塞部位，然后以手掌抵住阻塞物的下端，朝咽部挤压到口腔，以排出阻塞物。

【方案 3】药物疗法：先向食道内灌入植物油（或液状石蜡）100～200mL，然后皮下注射 3％盐酸毛果芸香碱 3mL，促进食道肌肉收缩，经 3～4h 可见效。

【方案 4】手术疗法：采取上述方法仍不见效时，立即施行手术疗法，切开食道，取出阻塞物。

09 第九章

以消化功能障碍为特征的牛羊疾病

一、前胃弛缓

前胃弛缓指反刍动物前胃神经兴奋性降低，胃壁收缩力减弱，瘤胃内容物运转缓慢，菌群失调，产生大量发酵和腐败的物质，引起消化障碍，食欲、反刍减退乃至全身机能紊乱的一种疾病。

（一）识病因

1. 原发性前胃弛缓 病因包括：①长期饲喂单一或不易消化的粗饲料，如麦糠、酒糟等；②饲喂霉败变质或冰冻的饲料；③长期饲喂粉状精饲料，难引起前胃兴奋性；④饲料突变；⑤各种应激因素（酷暑、饥饿、长途运输、分娩等）。

2. 继发性前胃弛缓 病因包括：①继发于热性病（肺炎、感冒等）；②疼痛性疾病（难产、手术等）；③用药不当，如大量使用抗生素，造成菌群失调，或注射阿托品，使前胃蠕动受到抑制；④多种传染病（牛肺疫、牛出血性败血症、口蹄疫等）；⑤消化系统疾病（瓣胃与真胃阻塞、真胃炎等）。

（二）看症状

1. 急性型 患畜多呈现急性消化不良。表现食欲减退，反刍减少，全身症状不明显；瘤胃蠕动音减弱、次数减少；瘤胃充满内容物，触诊内容物黏硬似生面团样或粥状；瓣胃蠕动音减弱或消失；粪便干硬、色暗，被覆黏液。严重的病例，食欲、反刍废绝，呻吟，磨牙；粪色暗呈糊状、恶臭；精神沉郁，眼球下陷，鼻镜干燥，黏膜发绀，体温下降，病情恶化。

单纯性消化不良，病情轻微，主要由原发性病因所致。继发性消化不良往往还表现原发病的症状，病情复杂而严重。

2. 慢性型 多由急性型转变而来。患畜食欲不定，时好时坏，异嗜；反刍不规则，无力或停止；瘤胃蠕动减弱，瘤胃积液，冲击触诊有振水音；腹泻、便秘交替出现；精神不振，逐渐消瘦（图 9－1），鼻镜干燥。后期因脱水和衰竭而死亡。

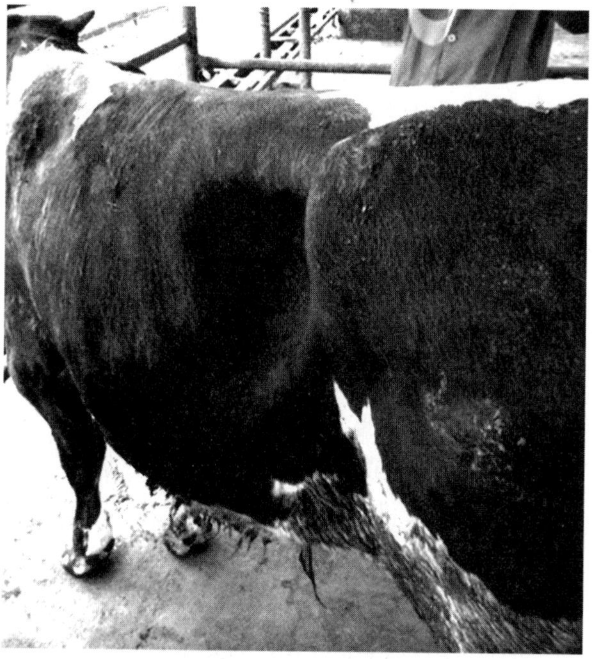

图 9-1　牛慢性前胃弛缓，躯体消瘦，左肷窝塌陷

（三）重预防

（1）改善饲养管理，防止饲料霉败变质。

（2）不可任意增加饲料用量或突然变更饲料种类。

（3）避免不利因素的刺激和干扰。

（4）尽量减少各种应激因素的影响。

（四）早治疗

治疗该病应恢复前胃的运动机能，制止内容物腐败发酵及防止酸中毒，加速内容物的排出，促进食欲、反刍的恢复。

【方案 1】应用硫酸钠（或硫酸镁）300～500g，鱼石脂 20g，酒精 50mL，温水 6～10L。牛一次内服，羊为此量的 1/10～1/6。

【方案 2】应用植物油 1～3L，大黄苏打片（0.5g/片）200～500 片（先用适量温水溶解）。牛一次内服，羊为此量的 1/10～1/6。

【方案 3】应用：①25%葡萄糖注射液 500～1 000mL，维生素 C 3～5g，10%葡萄糖酸钙注射液 200～500mL；②10%氯化钠注射液 200～500mL。分别一次静脉注射（牛）。

【方案 4】应用：①维生素 B_1 或复合维生素 B，牛用量为 15～30mL，羊用量为 2～10mL；②新斯的明，牛用量为 10～20mg，羊用量为 2～5mg。分别一次肌内注射，每天 2 次。

【方案5】应用：①氢氧化镁（或氢氧化铝）200～300g，碳酸氢钠50g，常水适量；②碳酸盐缓冲剂（CBM），即碳酸钠50g，碳酸氢钠350～420g，氯化钠100g，氯化钾100～140g，常水10L。牛瘤胃内容物pH降低时，分别一次内服，每天1次，可连用数次。

【方案6】应用稀醋酸（牛30～100mL，羊5～10mL）或常醋（牛500～1 000mL，羊50～100mL），加常水适量。牛瘤胃内容物pH升高时，一次内服。

【方案7】应用健康牛瘤胃液4～8L或牛用益生菌适量。牛一次内服。

【方案8】应用加味四君子汤（健脾和胃，补中益气）：党参120g，白术75g，茯苓75g，炙甘草35g，陈皮40g，黄芪50g，当归50g，大枣200g。共为末，分两次灌服，每天1剂，连服2～3剂。此方适用于脾胃虚弱、水草迟细、消化不良的牛。偏寒者（便稀、口淡）加干姜、肉桂；偏热者（便干或下痢、口干苔黄），加黄芩、黄连；食滞不化者，加焦三仙；肚胀者，加木香、槟榔、莱菔子。

【方案9】应用椿皮散合大承气汤加减（消食导滞，理气健脾）：椿皮120g，常山35g，柴胡50g，厚朴60g，莱菔子60g，甘草30g，大黄100g，芒硝200g，枳实60g，青皮40g，陈皮60g，焦三仙各60g，焦槟榔40g。共为末，分2次灌服。此方适用于疾病初期体格壮实、口温偏高、口津黏滑、粪干、尿短赤的病牛。

二、瘤胃臌气

瘤胃臌气又称瘤胃臌胀，主要是因反刍动物采食大量容易发酵的饲料，在瘤胃内微生物的作用下异常发酵，迅速产生大量气体，致使瘤胃急剧膨胀、膈与胸腔脏器受到压迫、呼吸与血液循环障碍、发生窒息现象的一种疾病。按病因分为原发性臌气和继发性臌气；按病的性质分为泡沫性臌气和非泡沫性臌气。

（一）识病因

1. 原发性瘤胃膨气 患畜采食大量容易发酵的饲料，引起非泡沫性臌气；采食开花前的豆科牧草，引起泡沫性臌气（图9－2）。

2. 继发性瘤胃膨气 急性主要见于食道阻塞；慢性见于前胃弛缓、创伤性网胃腹膜炎、瘤胃积食、迷走神经性消化不良、瘤胃与腹壁粘连等疾病。

（二）看症状

（1）有采食大量易发酵饲料的病史。

（2）患畜腹部迅速膨大，左肷窝明显突起（图9－3）；腹壁紧张而有弹性，叩诊呈鼓音；呼吸困难，严重时伸颈张口呼吸。

（3）瘤胃穿刺及胃管检查：泡沫性臌气时，只能排出少量气体；非泡沫性臌气时，排气顺畅，臌胀明显减轻。

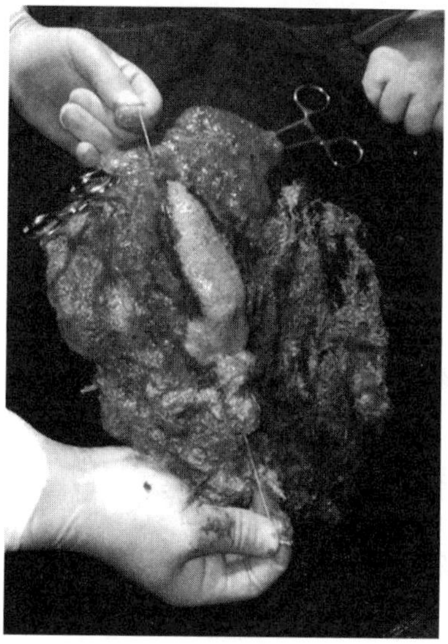

图 9-2　瘤胃内有大量泡沫（泡沫性臌气）

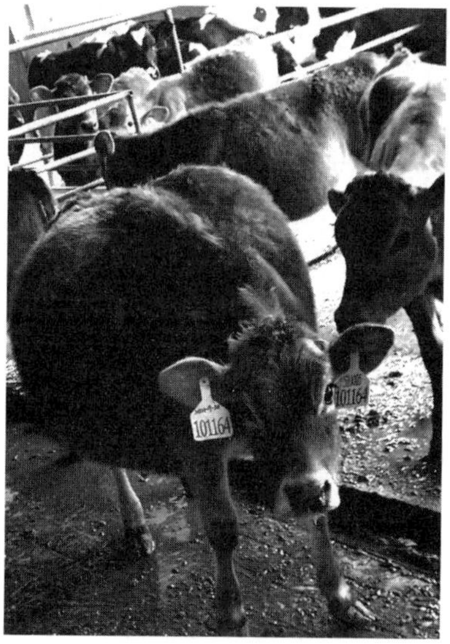

图 9-3　肉牛瘤胃臌气，腹围增大

（三）重预防

（1）禁止饲喂霉败饲料，尽量少喂堆积发酵或被雨露浸湿的青草。

（2）在饲喂易发酵的青绿饲料时，应先饲喂干草，然后再饲喂青绿饲料。

（3）由舍饲转为放牧时，要先喂一些干草，几天后再出牧，并且还应限制放牧时间及采食量。

（4）牛舍饲育肥时，全价日粮中至少含有10%的粗饲料。

（四）早治疗

治疗该病应消除病因，及时排气减压，制止瘤胃内容物发酵，恢复瘤胃的正常生理功能。

【方案1】对病情较轻者，可将小木棒（如椿树、樟树）横衔于牛口中（图 9-4），两端用绳索固定于角根后部，将病畜置于斜坡上，呈前高后低姿势，同时按摩瘤胃，促进其嗳气。也可使用温热肥皂水灌肠，让气体通过直肠排出（图 9-5）。

图 9-4　口衔木棒排气

图 9-5　直肠排气法

【方案 2】用胃管或者套管针进行瘤胃穿刺放气（图 9-6），气体排放速度不宜过快，以防脑缺血；同时通过胃管或套管针注射止酵剂（如鱼石脂、松节油等）、缓泻剂（如硫酸镁等）。

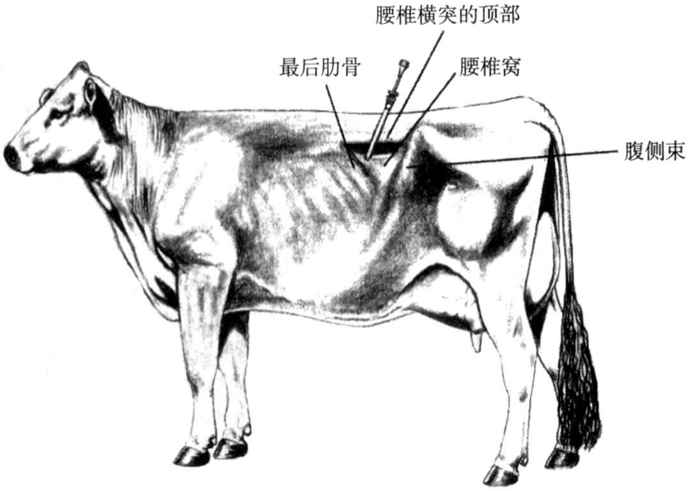

图 9-6　牛瘤胃穿刺放气部位（引自《默克兽医手册》第 10 版，2015）

【方案 3】应用鱼石脂 15～30g，植物油或液状石蜡 1 000～2 000mL，95%酒精 100mL，常水 1 000mL，一次灌服；从套管针内注入 5%～10%生石灰溶液 3 000～5 000mL 或 8%氧化镁溶液 600～1 000mL，或者稀盐酸 10～30mL，加适量水。此外在放气后，将 200 万～500 万 U 青霉素用 0.25%普鲁卡因溶液 50～100mL 稀释，注入瘤胃，效果更为理想。

【方案 4】应用植物油 1 000～2 000mL，新鲜蒜泥 200～500g。混合后牛一次灌服。

【方案 5】应用木香顺气丸加减：木香 20g，陈皮 40g，丁香 30g，小茴香 30g，藿香 30g，乌药 40g，莱菔子 80g，枳实 30g，槟榔 40g，青皮 60g。水煎灌服，每天 1 次，连用 3 次。

【方案 6】应用椿皮散合消胀散加减：椿皮 120g，常山 35g，柴胡 50g，莱菔子 60g，枳实 60g，甘草 30g，厚朴 60g，槟榔 60g，芒硝 200g，陈皮 45g，青皮 60g，醋香附 60g，木香 40g，牵牛子 30g。共为末，开水冲调，候温分 2 次灌服，每次灌服时加植物油 500mL，大蒜 60g（捣碎）。

三、创伤性网胃腹膜炎

创伤性网胃腹膜炎是由于混入草料中的尖锐金属异物被动物采食后进入网胃，导致网胃穿孔、腹膜及邻近器官损伤的炎症性疾病。

（一）识病因

1. 原发性创伤性网胃腹膜炎 主要是由于饲养管理粗放，饲草料中混入尖锐的金属异物，如铁钉、铁丝、缝针、大头针、注射针头、螺丝钉、碎铁片等，动物采食时金属异物随同草料被摄入而致病。

2. 继发性创伤性网胃腹膜炎 如瘤胃积食、瘤胃臌气、劳役、妊娠、分娩、跳过沟渠、滑倒和运输等，使动物腹压急剧升高或网胃强烈收缩，促使异物穿过网胃壁而发病。

（二）看症状

（1）患畜顽固性前胃弛缓，食欲减退或废绝，反刍减少，磨牙呻吟，轻度瘤胃臌气，用健胃药治疗症状不减轻反而加重。

（2）患畜步态拘谨，走路缓慢小心，不愿走下坡路及坚硬的路面，触诊网胃区疼痛，有时体温升高到40～41℃。

（三）重预防

避免用铁丝捆扎草料，饲养区域禁止乱丢尖锐金属物品，饲槽使用磁铁去除日粮中的金属异物。有条件的可向牛瘤胃内投服磁笼（一般会滞留在网胃内）（图9－7），以吸附金属异物。

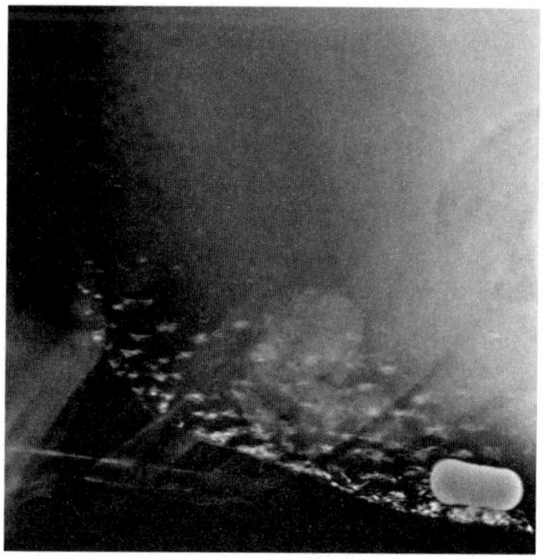

图9－7 投入胃内的磁笼

（四）早治疗

治疗该病应及时摘除异物，抗菌消炎，加速创伤愈合，恢复胃肠功能。

对于确诊的病例（可用X线确诊，图9－8）先采用保守疗法，用金属异物摘除器从网胃中吸取胃中金属异物或投服磁笼，以吸附金属异物。同时应用抗生素（如青霉素、土霉素等）与磺胺类药物，并补充钙剂，控制腹膜炎和加速创伤愈合。经治疗后48～72h内若患畜开始采食、反刍，则预后良好；如果病情没有明显改善，则根据患畜的经济价值，可考虑实施瘤胃切开术，从瘤胃将网胃内的金属异物取出。

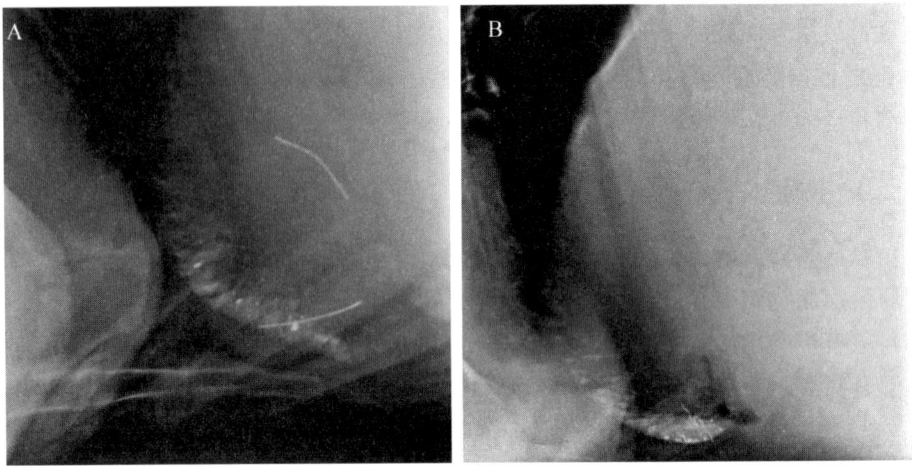

图9-8　X线摄片显示牛网胃底有铁丝刺入，周围有炎性渗出
A. 长铁丝未完全穿透网胃壁　B. 细铁丝已穿透网胃壁

注意：如已确诊为创伤性网胃腹膜炎（腹腔已有严重感染）或创伤性心包炎，无法治疗者应及早屠宰，以减少经济损失。

四、腹膜炎

腹膜炎是腹膜壁层和脏层的炎症性疾病。临床特征是腹壁疼痛，腹腔积液。

（一）识病因

1. 原发性腹膜炎　见于腹壁创伤，手术感染，腹腔注射，腹腔和盆腔脏器穿孔或破裂，幼年时期肝吸虫等腹腔寄生虫的重度侵袭等。

2. 继发性腹膜炎　因邻近器官炎症蔓延，如子宫炎、膀胱炎、肠炎、皱胃炎、肠变位、难产等，使脏器损伤，脏器内的细菌侵入腹膜所致；也见于结核病、巴氏杆菌病等病程中，病原体通过血行感染腹膜所致。

（二）看症状

1. 急性腹膜炎　患畜食欲废绝，弓背，站立不动，常继发瘤胃臌气；体温升高，呼吸迫促，胸式呼吸，脉搏快而弱；腹壁紧张，触诊敏感疼痛；渗出液较多时，腹围增大，叩诊腹部呈水平浊音，左右腹壁冲击式触诊可听到荡水音，腹腔穿刺有数量不等的腹腔液流出（图9-9）。

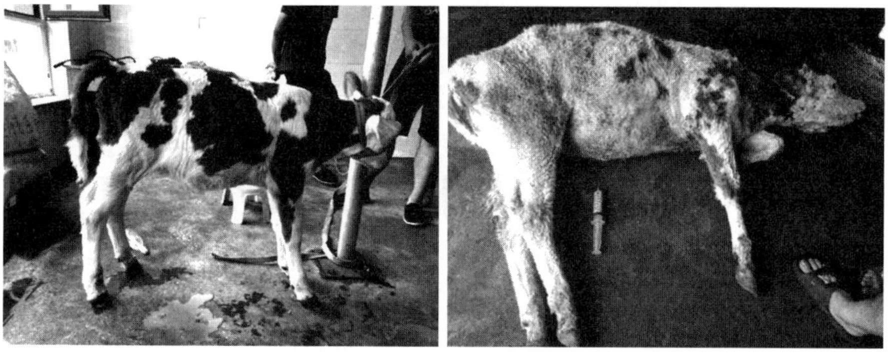

图 9-9　患牛腹围增大，穿刺腹腔有脓性腹水且有恶臭

2. 慢性腹膜炎　患畜食欲不振，消瘦，间歇性发热，阵发性腹痛，慢性瘤胃臌气，有的发生肠便秘或腹泻，全身症状不明显。

（三）早治疗

如果腹腔穿刺液混浊且有恶臭，全身症状明显，则无治疗价值，应迅速淘汰；如果腹腔穿刺液为无色或淡黄色且无臭味，可进行治疗。治疗原则为抗菌消炎，制止渗出，纠正水、电解质和酸碱平衡以及对症治疗。

【方案 1】应用：①10%葡萄糖注射液 250～500mL，10%水杨酸钠 100～300mL，5%氯化钙注射液或 10%葡萄糖酸钙注射液 100～300mL，40%乌洛托品 40～80mL；②10%葡萄糖注射液 500～1 000mL，维生素 C 2～5g，维生素 B_1 0.5～2g，10%氯化钾注射液 20～50mL；③10%氯化钠注射液 100～500mL，10%樟脑磺酸钠 10～20mL；④甲硝唑 1～3g；⑤5%碳酸氢钠溶液 250～500mL；⑥生理盐水 250～500mL，青霉素 800 万～1 200 万 U，链霉素 200 万～500 万 U，普鲁卡因 1～2g；⑦氟尼辛葡甲胺 2.2mg/kg（以体重计）。①至⑤分别静脉注射，每天 1 次；⑥一次腹腔注射，每天 1 次；⑦一次肌内注射，每天 1 次。

【方案 2】应用消黄散：知母、浙贝母各 25g，黄药子、白药子各 25g，金银花 30g，连翘 25g，水牛角 30g，大黄 25g，玄参 30g，天花粉 25g，郁金 25g，生地 25g，薄荷 25g，蝉蜕 15g，僵蚕 15g，蒲公英 30g，山豆根 15g，紫花地丁 20g，射干 15g，黄连 15g，黄芩 25g，黄柏 30g，栀子 25g，桔梗 20g，甘草 15g。共为末，开水冲调，候温一次灌服，每天 1 剂，连用 3～4 剂，每次灌服时加蜂蜜 120g，鸡蛋清 4 个。

10 第十章 以排便减少或不排粪便为特征的牛羊疾病

一、瘤胃积食

瘤胃积食又称急性瘤胃扩张，是牛贪食大量粗纤维饲料或容易臌胀的饲料引起瘤胃扩张、瘤胃容积增大、内容物停滞和阻塞以及整个前胃功能障碍，形成脱水和毒血症的一种严重疾病。

（一）识病因

（1）贪食大量难消化、富含粗纤维的饲料（如甘薯蔓、花生蔓等）。

（2）突然更换可口饲料。

（3）偷吃易膨胀饲料（成熟前的大豆、玉米棒）。

（4）不按时饲喂，过度饥饿后暴食。

（5）继发于前胃弛缓、瓣胃阻塞、创伤性网胃炎及皱胃积食等疾病。

（二）看症状

（1）有过食饲料特别是易膨胀的食物或精饲料的病史。

（2）患畜食欲废绝，反刍停止。视诊，腹围增大，特别是左侧后腹中下部膨大明显，有下坠感；听诊，瘤胃蠕动音减弱或消失，持续时间短；触诊，瘤胃内容物坚实或有波动感，拳压留痕；叩诊，瘤胃中上部呈半浊音甚至浊音。

（3）患畜排粪迟滞，粪便干、少、色暗，呈叠饼状乃至球形；部分牛排恶臭带黏液的粪便，可见未消化的饲料颗粒。

（4）患畜全身症状明显。皮温不整，鼻镜干燥，口腔有酸臭味或腐败味，舌苔黏滑，心跳、呼吸加快，甚至呼吸困难。

（三）重预防

避免突然变换饲料；防止牛过食或偷食精饲料。

（四）早治疗

治疗该病应恢复瘤胃运动机能，促进内容物排出，并防止脱水与酸中毒。

【方案1】禁食，只给大量饮水并按摩瘤胃，20min/次，每天3～5次。

【方案2】应用干酵母500～1 000g，一次口服，每天2次。

【方案3】应用硫酸镁（或硫酸钠）300～500g，液状石蜡（或植物油）1 000～2 000mL，鱼石脂10～20g，75%酒精50～100mL，加水6～10L，混合后一次灌服。

【方案4】应用大黄苏打片（0.5g）200～500片，植物油1 000～3 000mL，混合后一次灌服。

【方案5】应用：①新斯的明20mg；②复合维生素B 20mL。分别肌内注射。

【方案6】病情严重者先用0.3%的苏打水洗胃后，再应用：①10%葡萄糖注射液500～1 000mL，10%葡萄糖酸钙注射液100～300mL，维生素C 2～5g；②10%氯化钠注射液300～1 000mL，10%樟脑磺酸钠10～20mL；③5%碳酸氢钠溶液500～1 000mL。分别一次静脉注射。

【方案7】应用大黄80g，芒硝250g，枳实60g，厚朴90g，神曲60g，麦芽60g，木香40g，槟榔60g，山楂60g，陈皮40g，贯众40g，草果40g，白术40g，五灵脂40g。研末灌服，每天1次，连用3d。

【方案8】应用当归150g，肉苁蓉60g，木香30g，厚朴60g，炒枳壳40g，醋香附40g，通草40g，瞿麦100g，火麻仁30g，番泻叶50g，三棱40g，莪术40g，山楂60g，槟榔60g，黄芪100g。水煎候温，加猪油1 000g，一次灌服，每天1次，连用3d。

注意：对积食严重的病例，洗胃和药物治疗无效时，应及早进行瘤胃切开术，取出内容物。

二、瓣胃阻塞

瓣胃阻塞又称瓣胃秘结，是因前胃弛缓，瓣胃收缩力减弱，瓣胃内容物滞留，水分被吸收而干涸，致使瓣胃秘结、扩张的一种疾病。

（一）识病因

1. 原发性瓣胃阻塞 由于长期饲喂动物刺激性小或缺乏刺激性的细粉状饲料，以及长期过多地饲喂粗、硬难消化的饲料，加上运动、饮水不足，导致瓣胃收缩力减弱，瓣胃内积滞干固食物而发生阻塞。

2. 继发性瓣胃阻塞 常继发于前胃弛缓、瘤胃积食、瓣胃炎、皱胃变位、寄生虫病及某些急性热性病例。

（二）看症状

（1）初期患牛食欲减退，鼻镜干燥，后期鼻镜皲裂（图 10－1），嗳气减少，反刍减慢或停止，瘤胃蠕动音减弱。

（2）左侧腹部轻度膨胀，患牛回头观腹、踢腹、弓腰、频繁努责、摇尾、左侧横卧等。

（3）瓣胃蠕动音减弱或消失，触压右侧第 7～9 肋间肩关节水平线上下，患牛表现疼痛并躲避检查。

（4）初期患牛粪便干少、色暗，呈算盘珠样（图 10－2），粘有黏液，后期排粪停止。

（5）后期患牛瓣胃叶发炎、坏死（图 10－3），继发败血症时出现体温升高、呼吸加快、脉搏增数、尿少或无尿症状，病程 7～10d，出现并发症时多预后不良。

图 10－1　患牛鼻镜干燥、皲裂

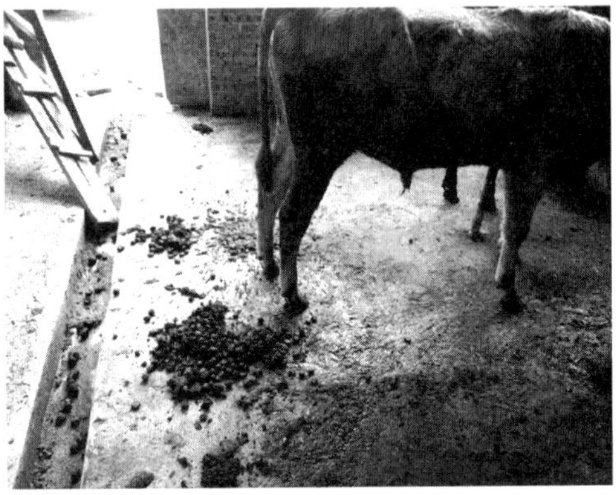

图 10－2　患牛排算盘珠样粪便

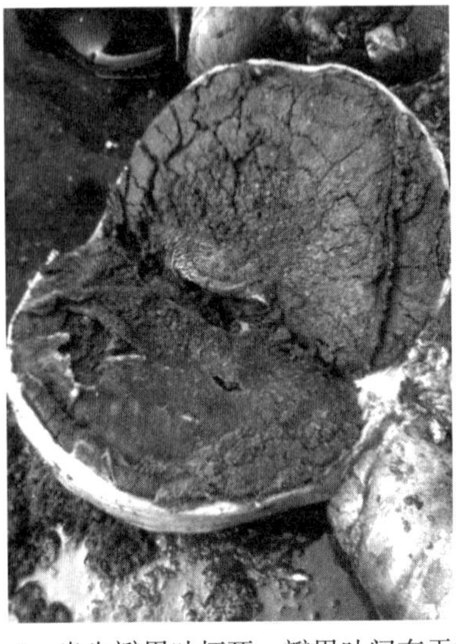

图 10－3　患牛瓣胃叶坏死，瓣胃叶间有干涸草料

（三）重预防

减少饲喂坚硬的粗纤维饲料，增加青饲料和多汁饲料，保证充足的饮水，保证适当运动，避免长期饲喂糟粕类饲料。

（四）早治疗

治疗该病应增强瓣胃蠕动机能，促进瓣胃内容物排出。

【方案1】应用硫酸钠400～500g，植物油1 000～2 000mL，常水5～8L。混合后一次灌服。

【方案2】应用10%硫酸钠溶液2 000～3 000mL，液状石蜡（或甘油）300～500mL，普鲁卡因2g，盐酸土霉素3～5g。一次向瓣胃内注入。

【方案3】应用：①新斯的明10～20mg；②复合维生素B 10～20mL。分别一次肌内注射。

【方案4】应用：①10%葡萄糖注射液1 000～2 000mL，10%葡萄糖酸钙注射液100～300 mL，维生素C 1～5g，维生素B_1 0.5～1g；②10%氯化钠注射液500～1 000mL。分别一次静脉注射。

【方案5】应用猪膏散加减：滑石200g，牵牛子50g，大黄60g，大戟30g，甘遂20g，官桂30g，白芷30g，地榆30g，甘草15g，芒硝200g，油当归150g，白术40g。共为末，加猪油500g，开水冲调，候温一次灌服。

【方案6】应用增液承气汤加减：大黄200g，芒硝600g，生地120g，玄参120g，麦冬120g，厚朴100g，枳实100g，番泻叶200g，焦槟榔150g，木香60g，莱菔子200g，白头翁120g，醋香附60g。共为末，开水冲调，候温一次灌服。

注意：灌服时配合阿托品0.02～0.05mg/kg（以体重计）肌内注射（松弛瓣胃平滑肌，使泻下药能进入瓣胃叶），效果更佳。

【方案7】以上措施无效时，可施行瘤胃切开手术。通过网瓣口插入导管，用水充分冲洗，使干固内容物变稀软，便于内容物排出。若患牛治疗价值不大，不建议采用该疗法。

三、皱胃阻塞

皱胃阻塞又称皱胃积食，是由于迷走神经调节机能紊乱或受损，导致皱胃弛缓、内容物滞留、胃壁扩张而形成阻塞的一种疾病。

（一）识病因

1. 原发性皱胃阻塞 由于饲养管理不当而引起：①冬、春季长期用稻草、麦秸、玉米或高粱秸秆喂牛；②饲喂麦糠、豆秸、甘薯蔓、花生蔓等不易消化的饲料或草粉过细，同时饮水不足；③犊牛因大量乳凝块滞留而发生皱胃阻塞。此种阻塞，皱胃内积滞的多为黏硬的食物或异物，常伴发瓣胃阻塞和瘤胃积液。

2. 继发性皱胃阻塞 常见于腹内粘连、幽门肿块和淋巴肉瘤等，导致血管和神经损伤，这些损伤可引起皱胃神经性或机械性排空障碍。此种阻塞，皱胃内积滞的多为稀软的食糜，多数不伴有瓣胃阻塞。

（二）看症状

（1）患牛右腹部皱胃区局限性膨隆（图 10－4），用双手掌进行冲击式触诊可触及阻塞皱胃的轮廓及硬度（这是诊断该病的最重要方法）。

（2）在左肷部结合叩诊肋骨弓进行听诊，呈现钢管音。

（3）患牛眼球凹陷（图 10－5），脱水严重。大量饮水，瘤胃积液，腹围增大（图 10－6），导胃后，又大量饮水，导致瘤胃再次积液。

（4）患牛不排便或排便少而黑，用大量泻药治疗依然排不出粪便，直肠检查肠道空虚，肠壁干燥或附着少量稀黏的黑色粪便（图 10－7）。

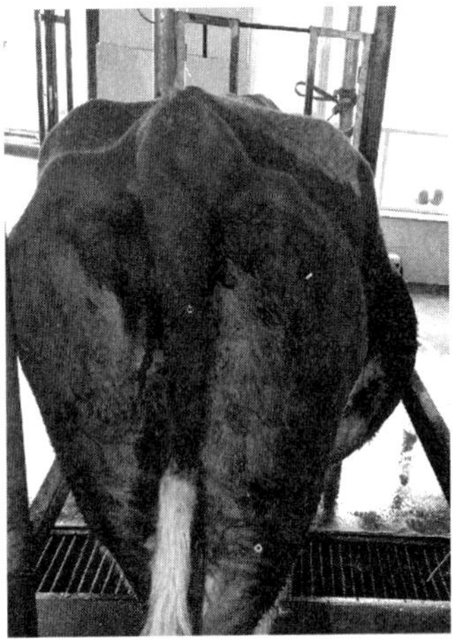

图 10－4 患牛右下腹膨隆、下坠

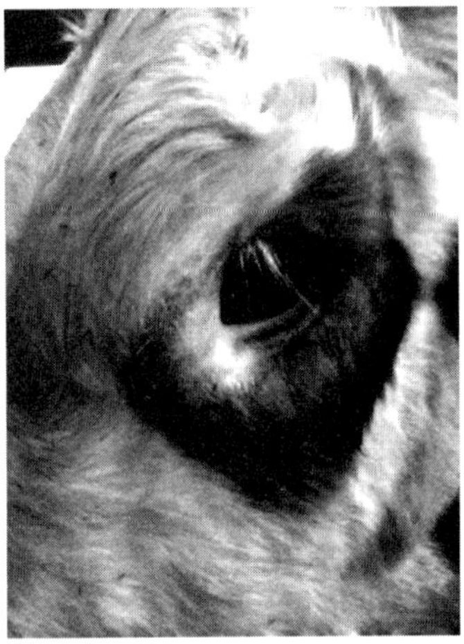

图 10－5 患牛眼球凹陷

图 10－6 患牛瘤胃积液，腹围增大

图 10－7 患牛直肠空虚，肠壁有少量稀黏的黑色粪便

根据临床症状可将真胃阻塞患牛分为病情轻微者、病情中等者及病情严重者（表10-1）。

表10-1 患牛真胃阻塞病情分级

病情分级	临床症状
轻微者	患牛采食量下降、反刍减少；瘤胃蠕动音减弱，瓣胃蠕动音低沉；触诊皱胃轻度膨大，但不坚硬，腹围无明显异常；粪便干燥，呈算盘珠样；饮水增加
中等者	患牛鼻镜干燥；食欲降低，大量饮水，腹围显著增大，瘤胃充满内容物或积有大量液体（冲击式触诊，呈现振水音），瘤胃与瓣胃蠕动音消失，肠音微弱；尿量短少，屡做排粪姿势，只能排出少量糊状粪便
严重者	患牛精神沉郁，被毛逆立，眼球下陷；食欲废绝，反刍停止，鼻镜干裂，右侧中腹部到后下方呈局限性膨隆，皱胃区作冲击式触诊，病牛有躲闪表现，同时感触到皱胃体显著扩张而坚硬；排不出粪便或仅能排出少量棕褐色的恶臭粪便，混有黏液或紫黑色血丝和血凝块；尿量少而浓稠，呈黄色或深黄色，具有强烈的臭味；有的病牛卧地不起

（三）观病变

皱胃极度扩张，体积显著增大甚至超过正常的2～8倍（图10-8），皱胃被干燥的内容物阻塞。局部缺血的部分，胃壁菲薄，容易撕裂。皱胃黏膜炎性浸润、坏死、脱落；有的病例幽门区和胃底部有散在出血斑点或溃疡。

瓣胃体积增大，内容物黏硬，瓣胃叶坏死（图10-9），黏膜大面积脱落（由肠秘结继发的病例，则表现瓣胃空虚）。瘤胃通常膨大，且被干燥内容物或液体充满。

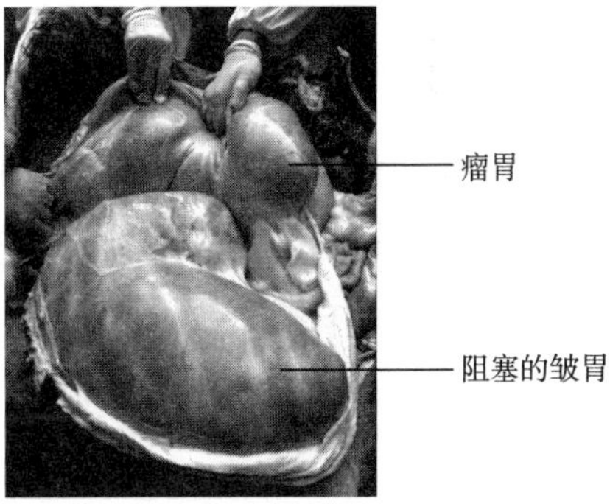

图10-8 皱胃极度扩张，体积显著增大甚至超过正常的5倍

图10-9 瓣胃体积增大，内容物黏硬，瓣胃叶坏死（继发于皱胃阻塞）

（四）防混淆

真胃阻塞应与以下疾病鉴别诊断。

1. 创伤性网胃腹膜炎 患牛有独特的姿势，如肘头外展，肘肌震抖，触诊左侧心区和剑状软骨区有疼痛反应。

2. 瓣胃阻塞 深部触诊右腹部第7～9肋间坚实、增大和敏感，可通过直肠摸到增大的瓣胃，脱水、电解质紊乱程度较轻。

3. 肠梗阻 也可引起厌食、粪少和脱水，但发病突然，腹痛明显。患牛频频举尾，屡做排粪姿势，仅能排出一些白色脓性分泌物。直肠检查有时可摸到阻塞的肠管。

（五）重预防

加强饲养管理，合理配制日粮，注意精饲料和粗饲料的调配，粗饲料不易粉碎得过细，保证充足的饮水。避免采食塑料、被毛等异物。

（六）早治疗

治疗该病应强心补液、促进真胃阻塞物排出、纠正电解质（低钾血症、低钙血症、低氯血症、低钠血症）平衡和代谢性碱中毒。具体治疗方案参见表10-2。

表10-2 根据病情选择不同的治疗方案

病情	治疗方案
轻微者	硫酸钠300～400g，植物油500～1 000mL，鱼石脂20g，酒精50mL，水6～10L；或大黄苏打片(0.5g) 250～500片，植物油500～1 000mL分别一次灌服，每天1次，直至排出大量稀便为止
中等者	第一步，用胃管导出瘤胃内的液体和气体（减压）；第二步，通过胃管一次灌入中药（猪膏散合增液承气汤：滑石60g，牵牛子30g，大黄100g，官桂15g，甘遂25g，大戟25g，续随子30g，白芷10g，地榆皮60g，甘草25g，芒硝200g，玄参40g，麦冬40g，生地40g，猪油500g）；第三步，25%葡萄糖注射液1 500～2 000mL，10%葡萄糖酸钙注射液200～500mL，维生素C 10～20g；或10%氯化钠注射液300～500mL，10%氯化钾注射液5～10g；或林格氏液2 000～3 000mL，庆大霉素注射液80～160U。分别一次静脉注射。复合维生素B 15～30mL；或甲硫新斯的明10～20mg。分别一次肌内注射，每天2次。如果执行以上三步治疗2d还未见粪便排出，立即进行第四步，即皱胃切开术或瘤胃切开术，通过网瓣孔冲出皱胃内积滞的内容物
严重者	与病情中等者治疗步骤基本一致，只是在第二步中增加了皱胃注射（注射药物为25%硫酸钠溶液500～1 000mL，植物油500～1 000mL，阿莫西林粉剂5～10g。注射部位为右腹部皱胃区第12～13肋骨后下缘。注射后按摩皱胃区并驱赶牛强行运动）

四、肠便秘

肠便秘是由于肠管运动机能和分泌机能紊乱，内容物滞留不能后移，水分被吸收，致使一段或几段肠管秘结的一种疾病。各种年龄的牛均可发生，常发部位是结肠。

（一）识病因

（1）连续采食大量的粗纤维饲料。

（2）大量摄入稻谷，积滞于盲肠，堵塞回盲口。

（3）摄入水分不足或机体丧失水分过多（如发热性疾病、长期使用利尿剂等）。

（4）老龄牛或体质虚弱牛，肠管正常蠕动功能降低。

（二）看症状

（1）患牛突然出现腹痛（两后肢频频交替踏地，头向右顾腹，弓背努责），表现踢腹、摇尾和频频起卧。

（2）患牛食欲减退，反刍停止，精神委顿，甚至虚脱，失水引起眼球凹陷，心跳逐渐加快，振摇时右腹部有振水音。

（3）初期患牛有排便，但量少，中后期排便完全停止，多数排出胶冻样黏液。

（4）触诊，瘤胃坚实或有轻度臌气，瘤胃蠕动音多数消失。

（三）早治疗

治疗该病应疏通肠管，对症治疗。

【方案 1】应用“两头灌法”，即经口腔一次灌服硫酸钠（或硫酸镁）400～800g，植物油 500～1 000mL，同时用肥皂水冲洗直肠。

【方案 2】应用新斯的明 10～20mg，一次肌内注射；或复合维生素 B 10～30mL，一次皮下注射。

【方案 3】应用：①10%葡萄糖注射液 500～1 000mL，10%葡萄糖酸钙注射液 300～400mL，维生素 C 2～5g，复合维生素 B 20～40mL；②10%氯化钠注射液 200～500mL；③生理盐水 500～1 000mL，阿莫西林 2～6g。分别一次静脉注射。

【方案 4】对于体质强壮的患牛，方用大承气汤加减：大黄 200g，芒硝 400g，厚朴 60g，枳实 60g，槟榔 50g，牵牛子 40g，青皮 60g，番泻叶 100g。共为末，开水冲调，一次灌服。

【方案 5】对于老龄、体弱、产前、产后的患牛，方用当归苁蓉汤加减：当归 180g，肉苁蓉 90g，番泻叶 45g，木香 30g，厚朴 45g，炒枳壳 30g，醋香附 45g，瞿麦 30g，通草 30g，六曲 60g。共为末，开水冲调，首次加猪肉 500g，一次灌服。

第十一章
以腹泻为特征的牛羊疾病

一、胃肠炎

胃肠炎是胃肠壁表层和深层组织的重剧性炎症。临床上很多胃炎和肠炎往往相伴发生，合称为胃肠炎。胃肠炎按病程经过分为急性胃肠炎和慢性胃肠炎；按病因分为原发性胃肠炎和继发性胃肠炎；按炎症性质分为黏液性胃肠炎（以胃肠黏膜被覆多量黏液为特征的炎症）、出血性胃肠炎（以胃肠黏膜弥散性或斑点状出血为特征的炎症）、化脓性胃肠炎（以胃肠黏膜形成脓性渗出物为特征的炎症）、纤维素性胃肠炎（以胃肠黏膜坏死和形成溃疡为特征的炎症）。

（一）识病因

1. 原发性胃肠炎 包括：①饲喂霉败饲料或不洁的饮水；②误咽酸、碱、砷、汞、铅、磷等有强烈刺激或腐蚀的化学物质；③食入尖锐的异物损伤胃肠黏膜后，被链球菌、金黄色葡萄球菌等化脓菌感染，从而导致胃肠炎；④畜舍阴暗潮湿、卫生条件差、气候骤变、长途运输、过劳、机体处于应激状态等因素易使牛羊发病；⑤滥用抗生素，这一方面使细菌产生抗药性，另一方面在用药过程中造成肠道的菌群失调，引起二重感染，如犊牛、羔羊在使用广谱抗生素治愈肺炎后不久，由于胃肠道的菌群失调而引起胃肠炎。

2. 继发性胃肠炎 常继发于急性胃肠卡他、肠便秘、幼畜消化不良、化脓性子宫炎、瘤胃炎、创伤性网胃炎、牛结核、牛羊球虫病、羔羊出血性毒血症等疾病。

（二）看症状

1. 急性胃肠炎 患畜精神沉郁，食欲减退或废绝，嗳气、反刍减少或停止，鼻镜干燥；腹泻，粪便稀薄呈粥样或水样，腥臭，粪便中混有黏液、血液和脱落的黏膜组织，有的混有脓液；有不同程度的腹痛和肌肉震颤，肚腹蜷缩。患畜发病初期，肠音增强，随后逐渐减弱甚至消失；当炎症波及直肠时，排粪呈现里急后重。病至后期，肛门松弛，排粪呈现失禁自痢。此外，患畜体温升高，心率增快，呼吸加快，眼结膜暗红或发绀，眼窝凹陷，皮肤弹性减退，血液浓稠，尿量减少。随着病情恶化，病畜体温降至正常温度以下，四肢厥冷，脉搏微弱，体表静脉萎陷，精神高度沉郁，甚至昏睡或昏迷。

炎症局限于胃和十二指肠的胃肠炎，患畜精神沉郁，体温升高，心率增快，呼吸加快，眼结膜颜色红中带黄色；口腔黏腻或干燥，气味臭，舌苔黄厚；排粪迟缓、量少，粪块干小、色暗，表面覆盖多量的黏液；常有轻度腹痛症状。

2. 慢性胃肠炎 患畜精神不振，衰弱，食欲不定，时好时坏，挑食；异嗜，往往喜爱舔食砂土、墙壁和粪尿；便秘，或者便秘与腹泻交替，并有轻微腹痛，肠音不整；体温、脉搏、呼吸常无明显改变。

（三）防混淆

在临床上，应与胃肠卡他相区别。胃肠卡他是胃肠黏膜表层的炎症，同时伴有胃肠消化机能障碍，患畜体温多不见升高，全身症状较胃肠炎轻微。慢性胃肠卡他应考虑是否由胃肠道寄生虫引起。小肠性腹泻与大肠性腹泻的鉴别诊断见表 11－1。

表 11－1 小肠性腹泻与大肠性腹泻的鉴别诊断

临床表现	小肠性腹泻	大肠性腹泻
排便频率	正常或者轻微增加	非常频繁
粪便量	块大或者稀薄	少量
尿急	无	常有
里急后重	无	常有
粪便黏液	常无	频繁
粪便潜血	暗黑色（黑粪症）	红色（鲜红色）
体重减轻	可能有	罕见

（四）早治疗

治疗该病应消除炎症，清理胃肠，预防脱水，维护心脏功能，解除中毒，增强机体抵抗力。

【方案 1】应用 0.1％高锰酸钾溶液 1 000～3 000mL，牛一次灌服。

【方案 2】应用磺胺脒 30～40g，次硝酸铋 20～30g，常水适量，一次内服。

【方案 3】应用庆大霉素 1 500～3 000U/kg（以体重计），一次肌内注射。

【方案 4】应用 10％磺胺嘧啶钠注射液 100～300mL，一次静脉注射。

【方案 5】应用：①乳酸林格氏液 2 000～6 000mL，维生素 C 注射液 1～5g，维生素 B_1 0.5～2g，10％氯化钾注射液 5～10g；②40％乌洛托品注射液 30～80mL；5％氯化钙溶液 300～400mL，10％水杨酸钠 100～300mL；③10％樟脑磺酸钠 10～20mL。①②分别一次静脉注射；③一次肌内注射。

【方案 6】应用：①10％葡萄糖注射液 1 000～2 000mL，10％葡萄糖酸钙注射液 200～400mL，维生素 C 1～5g；②10％氯化钠注射液 500～1 000mL；③5％碳酸氢钠溶液 250～500mL。分别一次静脉注射。

【方案 7】应用：①林格氏液 250～1 000mL，生脉注射液 20～50mL；②10%葡萄糖注射液 200～500mL，10%葡萄糖酸钙注射液 50～100mL，维生素 C 1～2g，肌苷 200～600mg，辅酶 A 50～200IU；③10%氯化钾注射液 10～30mL；④复方布他磷注射液（科特壮）2～5mL。①②分别一次静脉注射；③一次口服；④一次肌内注射。

注意：本方案用于腹泻严重犊牛（主要出现眼眶凹陷、心音微弱、卧地不起、精神萎靡、低血糖等症状）的急救。

【方案 8】应用液状石蜡（或植物油）500～1 000mL，鱼石脂 10～30g，酒精 50mL，内服。用于清理胃肠。

【方案 9】应用白头翁汤加减：白头翁 120g，黄柏 60g，黄连 50g，秦皮 120g，黄芩 60g，大黄 60g，白芍 50g，木通 40g，郁金 40g，车前子 30g。共为末，开水冲调，1 剂分 2 次服用，每天 1 剂，连服 2～3 剂。腹泻严重者加石榴皮 60g，出血者加地榆、槐花各 60g。

二、牛羊沙门氏菌病

牛羊沙门氏菌病是由沙门氏菌引起的一种传染病，临床上统称为副伤寒，以败血症、胃肠炎和下痢为主要特征。

（一）识病原

牛羊沙门氏菌病由鼠伤寒沙门氏菌、羊流产沙门氏菌（羊）或都柏林沙门氏菌引起。

（二）知规律

各年龄的牛羊均可以感染发病，但犊牛（2～6 周龄最易感）和羔羊则更剧烈，多呈败血症状。该病垂直传播，因此很难在畜群中根除。成年牛多为慢性经过，以腹泻、消瘦和流产为主要特征，可通过污染的饲草等感染。应激因素的存在是暴发该病的重要诱因。

（三）看症状

1. 犊牛和羔羊 发病迅速，表现为拒食、卧地和迅速衰竭，3～5d 内死亡。病初体温升高，呼吸加快，排出灰黄色稀便，混有肠黏膜和血丝。病程稍长的，关节肿大，或有支气管炎和肺炎。

2. 成年牛羊 可见高热，昏迷，食欲废绝，呼吸困难，体力衰竭。多在发病后 1d 左右腹泻，粪便带血块、恶臭，间杂黏膜；腹泻后体温降至正常。病程延长时，脱水、消瘦，腹疼剧烈；妊娠母畜多发生流产。

（四）观病变

1. 牛 坏死性或出血性肠炎，特别是回肠和大肠；肠壁增厚；肠黏膜发红呈颗粒状，有灰黄色坏死物，肠系膜淋巴结和脾脏肿大；犊牛可见广泛的黏膜和浆膜出血。

2. 羊 脾脏肿大 1～2 倍，呈樱红色或黑色，浆膜下有点状或斑状出血；肝脏变性呈土色，表现有灰黄色小坏死灶；肠、胃发炎，内有纤维素性假膜。

（五）早防治

1. 预防 排除一切诱发因素，保持饲养环境卫生，加强管理，经常进行环境消毒。

2. 治疗 可按一般胃肠炎治疗。

三、犊牛腹泻

犊牛腹泻是指正在哺乳期的犊牛，由于肠蠕动亢进，肠内容物吸收不全或吸收困难，致使肠内容物与多量水分被排出体外，粪便稀薄或呈水样，表现脱水、酸中毒等症状。该病一年四季均可发生，以 1 月龄内的犊牛发病率和死亡率最高。

（一）识病因

1. 饲养管理不当 母牛产前营养不良，初乳不足，乳房不洁，或喂给犊牛患乳腺炎母牛的乳汁；犊牛圈舍阴暗潮湿、不洁、通风不良。

2. 营养缺乏性疾病 乳汁中缺乏微量元素（如硒）和维生素（如维生素 D 和维生素 C）。

3. 微生物感染 由轮状病毒、冠状病毒、大肠杆菌、沙门氏菌、小隐孢子虫和球虫感染引起腹泻。

4. 应激 气温突然、长途运输、环境突变、惊吓、噪声、饲喂过饱等均可作为犊牛腹泻的诱因。

（二）看症状

1. 饲养管理不当引起的腹泻

（1）消化不良性腹泻表现为犊牛精神沉郁，鼻镜处有很多干痂；排粪减少，仅排不成形的、黄色脓性粪便，内含黏液；不愿站立，走路蹒跚，腹围增大，体温升高；听诊心跳稍快，肠音高朗。

（2）饲喂劣质代乳品引起的腹泻表现为犊牛精神、食欲正常，饮食后胀肚，喜卧，会阴、尾部常被粪便污染，有异食癖。

（3）饲喂过多全乳引起的腹泻表现为犊牛精神萎靡，厌食，粪便多而恶臭，并带有很多黏液。

2. 营养缺乏性腹泻

（1）硒缺乏 犊牛 1～90 日龄发病，表现典型的白肌病症候；衰弱，运动无力或运动障碍，步态强拘，喜卧；心率加快，心律不齐；消化紊乱，顽固性腹泻，脱水、衰竭；严重时死亡。病理变化：心外膜或心内膜肌肉层出现灰白色或黄白色条纹及斑块，称为“虎斑心”；肝脏和肾脏软化、坏死；肠管及肠系膜水肿。

（2）维生素C缺乏　新生犊牛可视黏膜充血、色红，毛细血管渗出、出血，胃肠黏膜出血，肺出血，鼻端皮肤呈红色，牙龈充血或出血。由于胃肠黏膜屏障遭到破坏，抵抗力降低，常常继发细菌感染而引起腹泻。

3. 感染性腹泻　犊牛表现排粪次数增多，每天超过5次。排出水样、含有肠黏膜、不成型、巧克力色或带血的粪便等。引起腹泻的病原不同，粪便性状也不同。腹泻的犊牛大多为混合性脱水，精神差，眼球向眼眶内凹陷，皮肤弹性降低，毛细血管充盈时间延长，口干、唾液少，尿少。根据脱水程度可分为轻度、中度、重度脱水。此外，腹泻的犊牛大多为代谢性酸中毒。无明显腹泻，但右侧腹围明显增大，皱胃内积存大量液体的犊牛常常表现低氯性碱中毒。

（三）早治疗

1. 西医治疗

（1）对因治疗　方法为：①饲养管理不当造成的腹泻，应加强管理，让犊牛尽早吃到清洁初乳，饲喂时做到定人、定时、定温、定量；②细菌性腹泻，肌内或静脉注射庆大霉素、磺胺类药物；③病毒性腹泻，肌内注射双黄连、板蓝根、黄芪多糖等抗病毒制剂；④寄生虫性腹泻，球虫感染选用磺胺二甲氧嘧啶等，线虫感染选用丙硫咪唑或左旋咪唑。

（2）对症治疗　方法为：①粪中带血者，先灌服液状石蜡100～150mL以清理肠道，再灌服磺胺脒、碳酸氢钠，并注射止血敏、维生素K等止血药；②体温升高，脱水明显，酸中毒时，应及时补充电解质，同时补碱、补糖和应用抗生素；③缺硒时，肌内注射0.1%亚硒酸钠溶液5～10mL，隔10～20d重复注射1次，共注射2～3次；④腹痛不安、腹泻不止者，选用阿托品肌内注射。

（3）补充体液　体液补充的途径主要分为口服补液、静脉补液和腹腔补液。

（4）输血疗法　输母牛血200～300mL，以提高犊牛的抵抗力。

常用治疗方法：①乳酸林格氏液100～250mL、维生素C 1～3g，复合维生素B 5～20mL，10%氯化钾注射液0.5～2g；②10%葡萄糖注射液100～250mL，10%葡萄糖酸钙注射液1～3g；③生理盐水100～250mL，阿莫西林0.5～2g，地塞米松5～10mg；④5%葡萄糖注射液100～250mL，乳酸环丙沙星0.2～0.4g；⑤甲硝唑0.5～1g；⑥5%碳酸氢钠溶液100～250mL。分别一次静脉注射。

补液方法：氯化钠3.5g，碳酸氢钠2.5g，氯化钾1.5g，葡萄糖40g，温开水1 000mL。混合后供犊牛自由饮用。

2. 中兽医治疗

（1）对神疲力乏、四肢发凉、消化不良、久泻不止者，以温补脾肾、涩肠止泻为原则，可用四神丸加减。四神丸处方：炒补骨脂40g，肉豆蔻20g，五味子20g，吴茱萸10g，陈皮15g，厚朴15g，青皮15g，车前草15g，黄连10g，生姜40g，大枣40g。水煎3次后，合并3次煎液，分2次灌服，每天1剂，连服2～3剂。

(2) 对体温升高、粪便腥臭、便中带血等急性腹泻者，可选用白头翁汤加减。白头翁汤处方：白头翁 40g，黄连 20g，黄柏 20g，秦皮 15g，焦地榆 20g，焦荆芥 20g，焦蒲黄 20g，苦参 15g，大黄 20g，金银花 15g，连翘 15g。水煎 3 次后，合并 3 次煎液，分 2 次灌服，每天 1 剂，连服 2～3 剂。

四、小反刍兽疫

小反刍兽疫是由小反刍兽疫病毒引起的小反刍动物的一种急性接触性传染病。该病的临床表现与牛瘟类似，故也称伪牛瘟。其特征是发病急剧，高热稽留，眼鼻分泌物增加，口腔糜烂，腹泻和肺炎。病原主要感染绵羊和山羊。

（一）知规律

自然发病主要见于绵羊、山羊、羚羊、美国白尾鹿等小反刍动物，但山羊发病时比较严重。该病的传染源主要为患病动物和隐性感染者，处于亚临床状态的羊尤为危险，通过其分泌物和排泄物可经直接接触或呼吸道飞沫传染。在易感动物群中该病的发病率可达 100%，严重暴发时致死率为 100%，中度暴发时致死率达 50%。

（二）看症状

该病潜伏期为 4～6d，一般为 3～21d。自然发病仅见于山羊和绵羊。患病动物发病急剧，高热 41℃以上，稽留 3～5d；初期精神沉郁，食欲减退，鼻镜干燥，口、鼻腔流黏脓性分泌物（图 11－1），呼出恶臭气体；口腔黏膜和齿龈充血，进一步发展为颊黏膜广泛性损害，导致涎液大量分泌；随后黏膜出现坏死性病灶，感染部位包括下唇、下齿龈等处，严重病例可见坏死病灶波及齿龈、腭、颊部及乳头、舌等处。后期常出现带血的水样腹泻，患羊严重脱水、消瘦，并常有咳嗽、胸部啰音以及腹式呼吸的表现，死前体温下降。幼年动物发病严重，发病率和死亡率都很高。

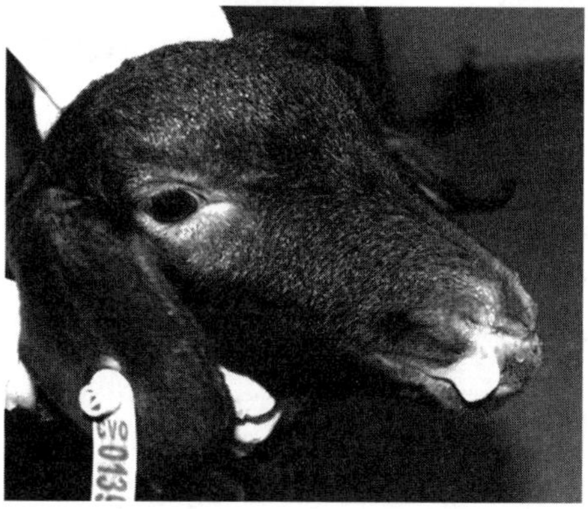

图 11－1　患羊流黏脓性分泌物

（三）观病变

患羊口腔和鼻腔黏膜糜烂、坏死，肺脏坏死（图 11－2）；皱胃常出现规则、有轮廓的出血、坏死和糜烂病灶，切面见红色出血点；回肠、盲肠、盲肠-结肠交界处和直肠表面严重出血、糜烂和溃疡，特别在结肠和直肠结合处出现特征性的线状、条带状出血或“斑马纹”样特征（图 11－3）；肺脏和支气管黏膜表面有出血点，呼吸道黏膜坏死、增厚。气管内可见大量泡沫状血样液体。

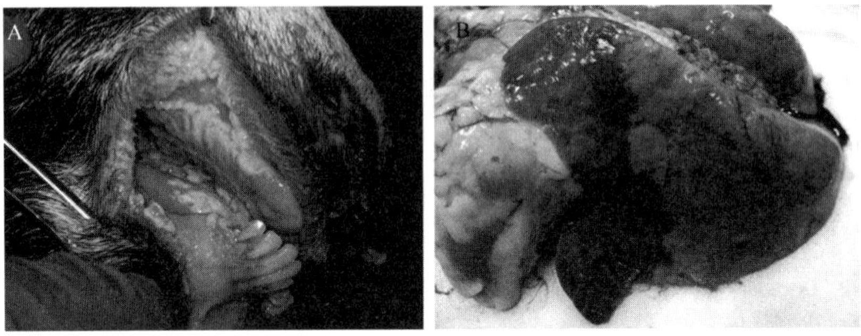

图 11－2　坏死性病变（引自 Thang 等，2012）

A. 坏死性口炎　B. 坏死性肺炎

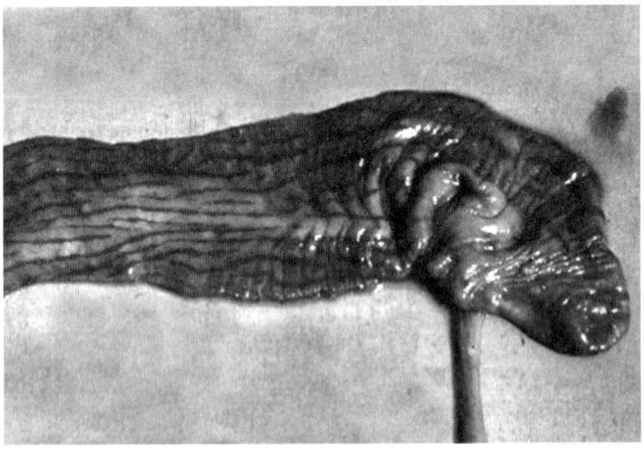

图 11－3　结肠和直肠结合处“斑马纹”特征

（四）早防控

该病尚无有效的治疗方法，发病初期使用抗生素和磺胺类药物可对症治疗和预防继发感染。发现该病应严密封锁，扑杀患羊，隔离消毒。对该病的防控主要依靠疫苗免疫。

第十二章
以便血为特征的牛羊疾病

一、球虫病

球虫病是由艾美耳科艾美耳属和等孢属的多种球虫寄生于牛羊肠道上皮细胞内引起的一种消化道疾病。

（一）识病原

该病主要由艾美尔属球虫引起，已知感染牛的艾美耳球虫有 20 多种，目前公认的感染山羊的球虫有 13 种，感染绵羊的球虫有 14 种。艾美尔属球虫未孢子化卵囊呈卵圆形或近似圆形，孢子化后的卵囊内有 4 个孢子囊，孢子囊为椭圆形、圆形或梨形，每个孢子囊内有 2 个子孢子（图 12－1）。

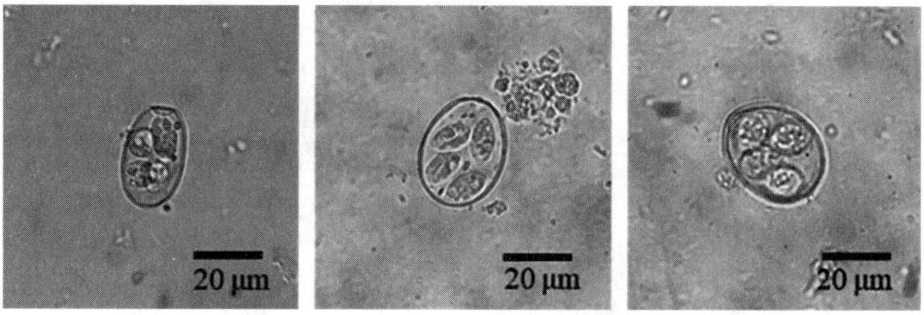

图 12－1　山羊粪便中的艾美耳球虫孢子化卵囊（引自 Liang，2022）

（二）知规律

1. 生活史　球虫发育过程均包含裂殖生殖、配子生殖以及孢子生殖。卵随牛羊粪便排到体外，在适宜条件下，经 1～2d 发育为具有感染性的孢子化卵囊。牛羊食入被孢子化卵囊污染的食物引发感染。孢子化卵囊在牛胃肠道内释放子孢子，子孢子侵入肠上皮细胞进行裂殖生殖，经过数次裂殖生殖后在肠上皮细胞形成大配子体和小配子体，进入配子生殖阶段。大配子体和小配子体在肠腔结合形成合子，最终发育为卵囊并随粪便排出体外（图 12－2）。

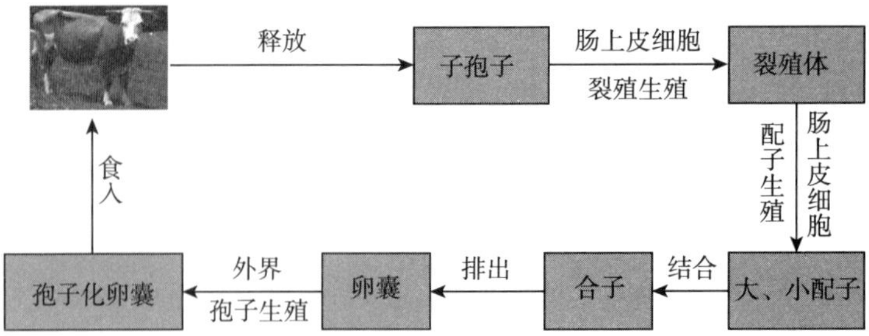

图 12－2　球虫生活史

2. 流行特点　不同年龄、品种的牛羊均可感染，以犊牛、羔羊最易感，发病率和病死率均高于其他年龄阶段的动物。球虫卵囊随粪便排出后污染周围环境，健康牛羊通过饲料、饮水等将感染性卵囊食入体内造成感染。该病多发于温暖多雨季节，春夏秋季节最为常见，特别是潮湿、多沼泽牧场放牧易发生此病。

（三）看症状

1. 急性病例　患畜腹泻，排出黏液性血便（图 12－3），甚至带有红黑色的血凝块及脱落的肠黏膜，粪便恶臭，尾部、肛门及臀部被污染呈褐色，在墙壁和牛床上可见到红褐色的粪便；弓腰努责，腹痛，常用后肢踢腹部。

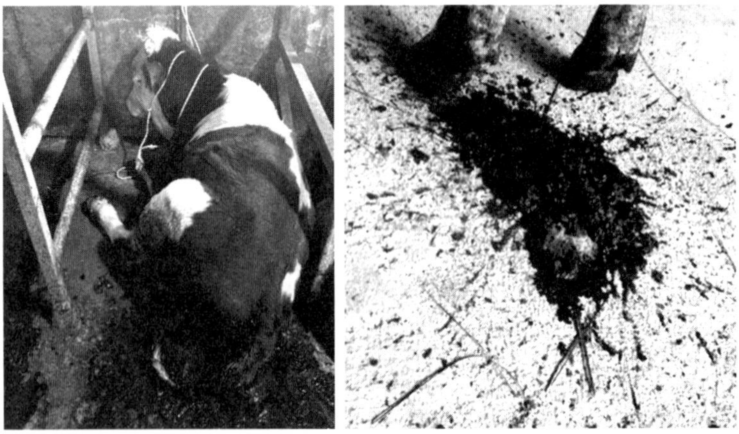

图 12－3　患牛血性腹泻

2. 慢性病例　患畜长期下痢、贫血，最终因极度消瘦而死亡。

（四）观病变

（1）小肠出血，淋巴滤泡肿大突出，有白色和灰色的小病灶和溃疡，溃疡表面覆有凝乳样薄膜（图 12－4）。

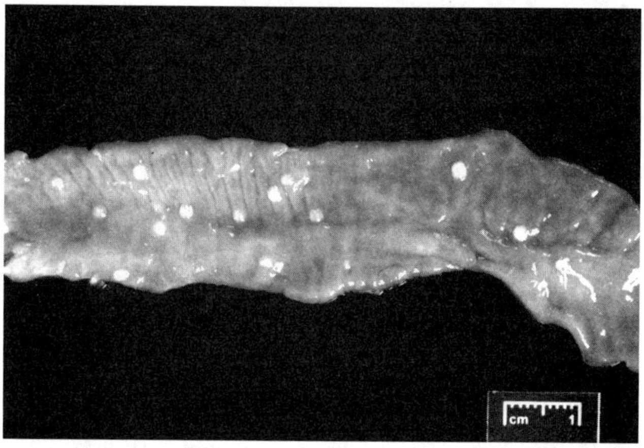

图 12-4　患羊小肠上存在大量球虫裂殖体结节（引自 Mallory，2020）

（2）肠内容物呈褐色，带恶臭，有纤维素性薄膜和黏膜碎片；肠系膜淋巴结肿大。

（五）重预防

1. 加强饲养管理　犊牛和成年牛应分群饲养。更换饲料或改变饲养方式时，要逐步过渡，以免牛羊不适应引起疾病暴发；圈舍要保持清洁卫生，定期消毒；清理的粪便应堆积发酵。

2. 预防用药　对于球虫病常发的地区或养殖场可将莫能菌素（按每千克体重 1mg，混料，连用 33d）或氨丙啉（按每千克体重 5mg，混料，连用 21d）添加到饲料中，预防该病。

（六）早治疗

治疗该病应抗球虫，止血，防继发感染，修复肠黏膜。

【方案 1】应用磺胺二甲基嘧啶：牛羊按 100mg/kg（以体重计），一次口服，连用 4d；或使用注射液同等剂量，一次肌内注射，连用 5d。

【方案 2】应用氨丙琳，剂量为 25～50mg/kg（以体重计），每天 1 次，连用 5～7d；或用地克珠利，剂量为 1mg/kg（以体重计），内服。

【方案 3】修复肠黏膜可用维生素 AD 油剂饮水；止血可用维生素 K 或止血敏肌内注射；防止继发感染可用庆大霉素等注射。

二、皱胃炎及皱胃溃疡

皱胃炎及皱胃溃疡是由于饲料品质不良或饲养管理不当，特别是应激等不良因素的作用引起的皱胃组织（黏膜及黏膜下层）炎症或溃疡，会导致动物严重消化不良现象。

(一) 识病因

1. 原发性皱胃炎及皱胃溃疡

(1) 饲料品质不良　包括：①平时或母畜分娩后，饲喂精饲料过多而优质干草或草料不足；②长期饲喂糟粕、豆渣等酿造副产品，营养不全，缺乏蛋白质和维生素；③饲料粗硬、腐败发霉，或饲喂冰冻饲料；④犊牛消化机能尚不健全时过早补饲粗饲料。

(2) 饲养管理不当　包括：①饲喂不定时，饥饱无常，突然变换饲料，放牧转为舍饲，劳役过度；②长途运输、过度紧张等引起应激反应，影响消化机能，从而导致皱胃炎的发生。

(3) 创伤　异物创伤引起创伤性皱胃炎。

2. 继发性皱胃炎及皱胃溃疡　继发于前胃疾病、营养代谢病、肠道疾病、寄生虫病（捻转血矛线虫）、传染病（牛沙门氏菌病、病毒性腹泻等）。

(二) 看症状

1. 皱胃炎临床症状

(1) 患畜食欲减退或消失，反刍减少、无力或停止，有时虚嚼、磨牙，并有前胃弛缓症状。有的病例出现呕吐现象（犊牛吐草或吐奶），触诊瘤胃多空虚。患畜对饲料有选择性，喜欢采食青饲料，不喜欢精饲料（可与前胃弛缓区别），且一采食精饲料就臌气、腹泻。

(2) 触压皱胃区有痛感，一般有不同程度的腹痛现象，重者突然卧地，嘶声眸叫，肌肉震颤。

(3) 初期粪便少，呈球形，被覆黏液，酸臭，有未消化精饲料；中后期粪便滋润，手感黏腻（图 12-5）。

(4) 慢性病例表现长期消化不良，异嗜，口腔黏膜苍白或黄染，舌苔白，粪便干硬，逐渐消瘦。

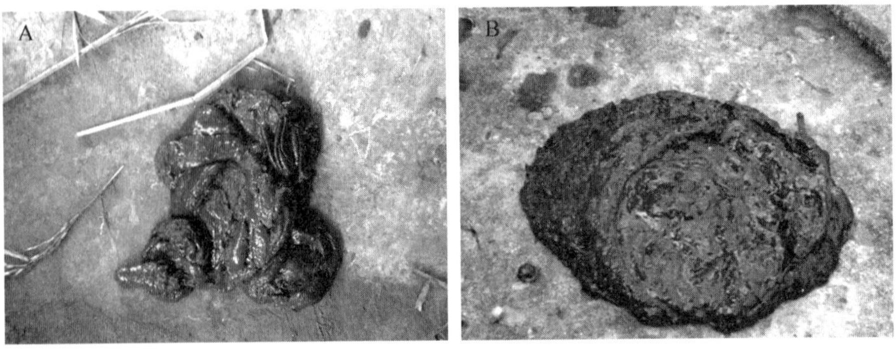

图 12-5　患畜皱胃炎时粪便滋润有黏腻感

A. 患畜发病 3d 时的粪便　B. 患畜发病 6d 时的粪便

2. 皱胃溃疡临床症状

（1）患畜神情抑郁，紧张，腹壁收缩，触压皱胃区出现反跳性疼痛（压之不痛，去压则疼痛明显）；通过“右后肢前踏”姿势以减轻疼痛。

（2）皱胃黏膜出血，粪便呈果酱色或煤焦油样（图 12－6）。

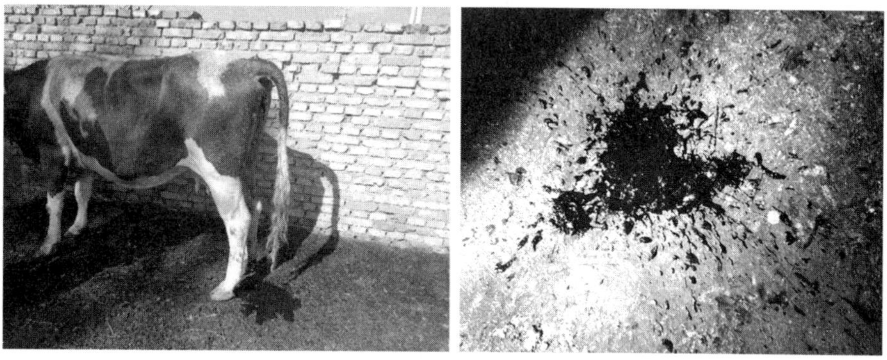

图 12－6　皱胃溃疡患牛排黑色煤焦油样稀便

（3）患畜皱胃穿孔并伴有局限性腹膜炎；而伴有弥散性腹膜炎时，除有贫血和粪便特征性变化外，还有类似创伤性腹膜炎的症状，如体温略有升高，精神沉郁或不安，磨牙，腹围增大；听诊可在左侧腹腔听到清脆的钢管音；腹腔穿刺，腹腔液呈污红色并含胃内容物。

（三）早治疗

治疗该病应清理胃肠，抗菌消炎，止血止痛，强心补液，健胃止酵，防止溃疡（皱胃炎）或穿孔（皱胃溃疡）。

【方案 1】应用液状石蜡或植物油 500～1 000mL，人工盐 400～500g，常水 5～10L，混合后牛一次口服。

【方案 2】应用磺胺脒（SG）（0.5g/片）130～150 片，小苏打（0.5g/片）130～150 片，分 3 次投服，首次剂量为总量的 1/2，以后每次投喂总量的 1/4，每天 2 次。

【方案 3】应用：①5%葡萄糖注射液 1 000～2 000mL，10%樟脑磺酸钠溶液 10～20mL；②林格氏液 1 000～2 000mL，维生素 C 1～5g，10%氯化钾注射液 10～50mL；③生理盐水 100～500mL，阿莫西林 10～25mg/kg（以体重计），地塞米松 5～20mg；④甲硝唑 10～15mg/kg（以体重计）。分别一次静脉注射，每天 1 次。

【方案 4】应用 0.1%高锰酸钾溶液 1 000～3 000mL，腹泻严重者一次口服。

【方案 5】应用酚磺乙胺（止血敏）1.25～2.5g（一次量）或维生素 K_3 0.5～2.5mg/kg（以体重计）。止血，一次肌内注射或静脉注射。

【方案 6】应用西咪替丁 4～8mg/kg（以体重计）或奥美拉唑 0.4～0.8mg/kg（以体重计）。用于预防或治疗胃溃疡，一次静脉注射。

【方案7】应用10%氯化钠注射液200～500mL，维生素B_1 0.5～1g。用于促进胃肠收缩，混合后牛一次静脉注射。

【方案8】应用5%碳酸氢钠溶液200～500mL。用于纠正酸中毒，牛一次静脉注射。

【方案9】应用加味保和丸：焦三仙200g，莱菔子50g，鸡内金30g，延胡索30g，川楝子50g，厚朴40g，焦槟榔20g，大黄50g，青皮60g。共为末，开水冲调，候温分早、晚两次灌服。

注意：该方案主要应用于胃气不和、食滞不化的病牛，治疗应以调胃和中、导滞化积为主。

【方案10】应用加味四君子汤：党参100g，白术120g，茯苓50g，肉豆蔻50g，广木香40g，炙甘草40g，干姜50g，青皮40g，陈皮60g，焦三仙100g。共为末，开水冲调，候温分早、晚两次灌服。

注意：该方案主要应用于脾胃虚弱、消化不良、皮温不整、耳鼻发凉的病牛，治疗应以强脾健胃、温中散寒为主。

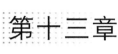

第十三章 以流鼻涕、咳喘、呼吸异常为特征的牛羊疾病

一、支气管炎

支气管炎是各种原因引起的动物支气管黏膜表层或深层的炎症。临床诊断上以咳嗽、流鼻液和不定热型为特征。寒冷季节或气候突变时容易发病。

（一）识病因

1. 急性支气管炎 受潮湿和寒冷空气的刺激；由某些病毒（如流行性感冒病毒等）、细菌（如肺炎球菌、巴氏杆菌、链球菌、葡萄球菌等）的感染；饲养管理粗放（如畜舍卫生条件差、通风不良、闷热潮湿，以及饲料营养价值低等）或长途运输，导致机体抵抗力下降，均可成为支气管炎发生的诱因。

2. 慢性支气管炎 通常由急性支气管炎转变而来，由于致病因素未能及时消除而长期反复作用，或未能及时治疗、饲养管理不当，均可使急性转变为慢性。

（二）看症状

患畜主要的症状是咳嗽（图 13－1），初期表现干、短和疼痛性咳嗽，以后随着炎性渗出物的增多，变为湿而长的咳嗽；流浆液性、黏液性或黏脓性的鼻液（图 13－2）；胸部听诊肺泡呼吸音增强，并可出现干啰音和湿啰音；全身症状较轻，体温正常或轻度升高（0.5～1.0℃）。

图 13－1 患牛频频咳嗽（引自 Scott，2016）

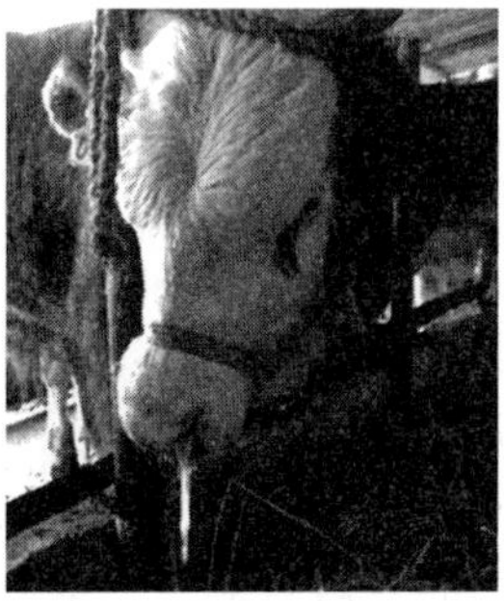

图 13－2 患牛流黏脓性鼻液

慢性支气管炎时，全身症状轻微，时发咳嗽，特别是在运动之后或清晨受寒冷空气刺激时，咳嗽频繁。当气管狭窄、扩张或伴发肺气肿时，呼吸困难，气喘。

（三）早治疗

治疗该病应消除病因，祛痰镇咳，抑菌消炎，必要时应用抗过敏药物。

【方案1】应用复方甘草合剂（每10mL含甘草流浸膏1.2mL、复方樟脑酊1.2mL、酒石酸锑钾2.4mL）。口服，牛50～200mL/次，羊5～20mL/次，每天3次。

【方案2】应用青霉素80万～400万U，链霉素50万～400万U，0.5%普鲁卡因溶液10～30mL，地塞米松5～20mg。混合后，牛一次气管内注射（图13-3），每天1次，连用3～4d。

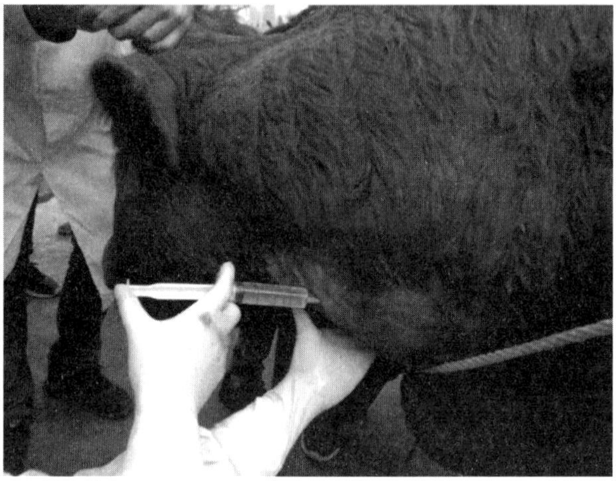

图13-3　气管内注射

【方案3】应用30%替米考星0.033mL/kg（以体重计）或30%氟苯尼考0.067mL/kg（以体重计）。牛、羊一次皮下注射。

注意：替米考星对心肌毒性大，使用之前应评价家畜心脏功能；氟苯尼考有胚胎毒性，妊娠期及哺乳期家畜慎用。

二、小叶性肺炎

小叶性肺炎是指肺小叶发生的炎症，通常肺泡内充满由上皮组织、血浆与白细胞组成的卡他性炎症渗出物，故又称卡他性肺炎。

（一）识病因

1. 原发性小叶性肺炎　受寒感冒、饲养管理不当、某些营养物质缺乏、长途运输等因素，使牛羊呼吸道的防御机能降低，导致呼吸道黏膜上的寄生菌或外源性病原微生物大量繁殖，引起炎症过程。

2. 继发性小叶性肺炎 支气管炎症蔓延以及继发于一些化脓性疾病（如子宫炎、乳腺炎、阴囊脓肿等）、传染病（如结核病、恶性卡他热、传染性胸膜肺炎等）和寄生虫病（如肺丝虫病）。

（二）看症状

病初患畜呈急性支气管炎的症状，表现为干而短的咳嗽，随着病情的发展逐渐变为湿而长的咳嗽，疼痛减轻或消失，并有分泌物被咳出；精神沉郁，食欲减退或废绝，黏膜潮红或发绀，流浆液性、黏液性或脓性鼻液（图 13－4）；体温升高，呈弛张热型，脉搏随体温的升高而加快，呼吸频率增加，严重者出现呼吸困难；肺部听诊，病灶部肺泡呼吸音减弱，可听到捻发音，病灶周围及健康部位肺泡呼吸音增强。

图 13－4　患牛流脓性鼻液

（三）早治疗

治疗该病应抑菌消炎，祛痰止咳，制止渗出，改善营养，加强护理。

【方案 1】应用：①生理盐水 50～500mL，头孢噻呋钠 1.1～2.2mg/kg（以体重计）或头孢喹肟 2mg/kg（以体重计），以及地塞米松 1～10mg；②5%葡萄糖注射液 50～500mL，乳酸环丙沙星 2.0～2.5mg/kg（以体重计）；③5%碳酸氢钠溶液 50～500mL。分别一次静脉注射，每天 1 次，连用 3～5d。

【方案 2】应用：①10%葡萄糖注射液 250～500mL，10%葡萄糖酸钙注射液 100～300mL，维生素 C 2～5g；②盐酸四环素 5～10mg/kg（以体重计），5%葡萄糖注射液 100～500mL，氢化可的松 250～750mg。分别一次静脉注射，每天 2 次，连用 2～3d。

【方案 3】应用：①美洛昔康 5mg/kg，一次肌内注射；②加米霉素 6mg/kg（以体重计）或泰拉霉素 2.5mg/kg（以体重计），一次颈部皮下注射。

注意：该方案用于牛羊小叶性肺炎的初期治疗或使用其他药物后症状基本消失的巩固治疗。加米霉素和泰拉霉素半衰期长，所以一般隔 7～10d 用药 1 次。

【方案 4】应用青霉素 80 万～400 万 U，链霉素 50 万～400 万 U，0.5%普鲁卡因溶液 10～30mL，地塞米松 5～20mg 或 10%硫酸卡那霉素 10～30mL。混合后，牛一次胸腔内（图 13－5）或气管内注射，每天 1 次，连用 3～4d。

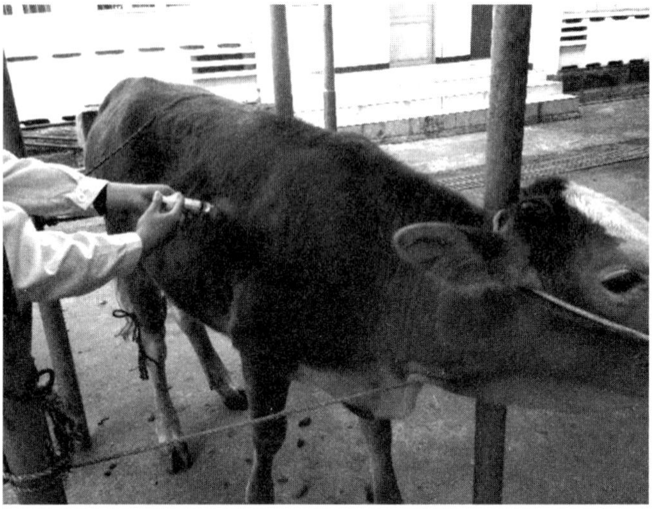

图 13－5　胸腔内注射

【方案 5】应用 5%氯化钙注射液 100～300mL，10%水杨酸钠 100～300mL，40%乌洛托品 20～100mL。混合后牛一次静脉注射，每天 1 次，连用 3～4 次；羊可根据情况减量使用。

【方案 6】应用清肺散合麻杏石甘汤加减（牛）：板蓝根 60g，桔梗 30g，浙贝母 50g，葶苈子 50g，石膏 150g，炙甘草 30g，杏仁 30g，麻黄 40g，苦参 30g，黄芩 30g，桑白皮 50g。共为末，开水冲调，1 剂分 2 次服用，每天 1 剂，连服 5～7 剂。

三、牛运输应激综合征

牛运输应激综合征是指牛在运输过程中，受到高温、低温、风、雨、饥、渴、挤压、惊吓、颠簸、合群、饲料更换、体力耗费、环境改变、潜在疾病等各种应激源的刺激，导致被运输牛的代谢、免疫能力和行为改变，从而使病原更容易侵袭牛的机体和诱发疾病的一种综合征。该病将导致牛的生产性能下降，从而造成巨大经济损失。

（一）识病因

（1）运输时防护意识不足，防应激技术落后。

（2）运输应激反应大，牛抵抗力下降，导致其发病。

（3）病原微生物入侵，导致牛发病。相关研究表明，牛运输应激综合征的病原主要有病毒、支原体、大肠杆菌、沙门氏菌以及链球菌等。

（二）看症状

患牛发病迅速，体温升高至41.5℃，精神较差，食欲减退，被毛粗乱，极度消瘦；呼吸道症状较为显著，主要表现为咳嗽、气喘、流黏性或脓性鼻液；消化道症状则表现为持续腹泻，严重者出现血便，部分病牛的血便中带有脱落的肠黏膜。该病易继发关节炎、结膜炎，导致眼睛出现脓性分泌物、流泪，口腔出现溃疡且流涎不止。随着病程发展，病牛极度消瘦，严重者会出现神经症状甚至衰竭死亡。

（三）重预防

1. 运输前

（1）合理挑选肉牛　选牛应了解当地行情，选择体型、精神正常，行走步态端正的牛，不买病牛、弱牛、僵牛。购买育成母牛时应选择精神饱满、体型匀称的6～12月龄育成母牛。

（2）做好检疫工作　根据当地疫情流行情况，结合国家相关规定进行检疫，只有检测结果合格的牛才能引进。

（3）加强动物保健　饲料与水中加入微生态菌剂、电解多维等，维持瘤胃菌群活性，有利于减少消化道疾病。服用抗应激及增强抵抗力的药物，如口服补液盐、维生素C、黄芪多糖等。中药可使用厚朴四物汤：厚朴60g，半夏30g，枳实20g，陈皮30g，黄芪60g；夏季增加藿香30g，佩兰30g，生姜50g，茯苓60g；冬季增加黄芩20g，黄连20g，茯苓40g。运输前2h适当控制喂料量，应为日常喂量的1/2左右，同时备好牛在当地所饲喂的饲料，用作运输后的过渡饲料。

（4）车辆准备　车辆应彻底消毒，晾干后在车厢内铺一层4～7cm厚度的干沙土或垫草以防滑。使用装有定位栏的专业运输车辆，尽量不使用双层车，体重200kg牛的装车密度应保持在约0.6m^2/头，以半数牛能伏地为宜，可根据牛的体型、体重适量调整。装牛和卸牛应采用专用装卸台，选择固定的砖土结构或移动式钢架结构，准备护栏进行防护，驱赶牛时应轻柔，使牛自主上车。运输车辆盖好篷布，夏季可遮阳，冬季可避风，且可防备途中雨淋，减少噪声刺激，将牛的运输应激降到最低。

（5）圈舍准备　选择通风、保暖等设施齐备的标准化圈舍，并准备好饲料、药物、消毒工具等。提前7～10d使用2%～3%氢氧化钠刷洗地面，用氯制剂等喷雾消毒。

2. 运输中　应注意：①选择有经验的司机。长途行驶时，在保证安全的情况下优先选择高速路行驶，车速保持在60～80km/h，以减少运输时间。②运输时工作人员须勤观察肉牛状态。每2～3h观察一次肉牛，并适量饲喂优质干草、补充水分，若运输中发现有肉牛发病时，须及时用药，并进行消毒及隔离。③行驶过程中要稳，避免急刹车、急转弯等操作，减少肉牛因碰撞及摔倒等造成的物理性损伤。

3. 运输后 积极做好肉牛抗应激及疫病防治措施：①入圈后先适当休整2h，饲喂应先草后料，逐步加量，并在饲料中适量添加电解多维、黄芪多糖等抗应激药物。②入圈后需进行饲料的过渡。将新饲料逐步加入运输前肉牛食用的饲料中，以减少肉牛因饲料改变而发生的胃肠应激。1周内不得饲喂轻泻性和发酵饲料，如青贮饲料、酒渣、鲜草等，以防止肉牛酸中毒。正常情况下牛吃六成饱即可，4～5d后可逐渐增加精饲料，多喂干草。③入圈后若有发病个体应立即隔离治疗，同时注意舍内消毒。病牛须规范疗程，及时进行诊治，不可大意。④肉牛稳定后进行驱虫、健胃和免疫，并保持圈舍整洁、干燥、通风或保暖。

注意：牛在运输前1～2个月进行疫苗注射（口蹄疫疫苗），同时起运前或到场下车后注射长效抗生素，如加米霉素（6mg/kg，以体重计）、泰拉霉素（2.5mg/kg，以体重计）或长效土霉素（10～15mg/kg，以体重计），可有效预防呼吸道疾病的发生。

（四）早治疗

早发现、早诊断、早治疗是治疗牛呼吸道综合征的基本原则。具体措施包括：抗菌消炎，解热镇痛，止咳平喘，强心补液，纠正酸中毒，促进胃肠蠕动和增强机体造血机能。

1. 轻症病牛的治疗

【方案1】应用：①加米霉素6mg/kg（以体重计）或泰拉霉素2.5mg/kg（以体重计），皮下注射；②美洛昔康5mg/kg（以体重计），肌内注射。症状未完全消失者，5～7d重复注射1次。

【方案2】应用：①30%氟苯尼考0.07mL/kg（以体重计）；②氟尼辛葡甲胺2mg/kg（以体重计）。分别肌内注射，48h注射1次。

【方案3】应用：①泰乐菌素15mg/kg（以体重计），硫酸卡那霉素15mg/kg（以体重计）；②科特壮（10%复方布他磷注射液）10～25mL。分别肌内注射，每天1次。

【方案4】应用：①双黄连、银黄或鱼腥草20～40mL，头孢噻呋钠2.2mg/kg（以体重计）；②拜有利（5%恩诺沙星）2.5mg/kg（以体重计）。分别肌内注射，每天1次。

【方案5】口服补液盐（NaCl 3.5g，KCl 1.5g，$NaHCO_3$ 2.5g，葡萄糖20g，溶解稀释至1 000mL）。

注意：方案5与方案1～4配合使用效果更佳。

2. 中症病牛的治疗

【方案1】应用：①氨溴索注射液60～240mg；②10%葡萄糖注射液500～1 000mL，科特壮10～25mL，维生素C 2～5g；③生理盐水250～500mL，头孢噻呋钠2.2mg/kg（以体重计），双黄连注射液0.1mL/kg（以体重计）；④5%葡萄糖注射液250～500mL，恩诺沙星2.5mg/kg（以体重计）；⑤5%葡萄糖注射液250～500mL，10%硫酸卡那霉素20～40mL；⑥5%碳酸氢钠溶液250～500mL。分别静脉注射，每天1次。

【方案2】应用：①10%葡萄糖注射液250～500mL，10%葡萄糖酸钙注射液100～300mL，10%水杨酸钠100～300mL，40%乌洛托品40～80mL；②5%葡萄糖注射液250～

500mL，盐酸四环素 5～10mg/kg（以体重计）或土霉素 10～15mg/kg（以体重计）；③生理盐水 50～100mL，氢化可的松 0.2～0.5g；④5%葡萄糖注射液 250～500mL，鱼腥草注射液 20～50mL。分别静脉注射，每天 1 次。

3. 重症病牛的治疗 所用处方可参考中症病牛的治疗，同时灌服中药清肺散或麻杏石甘汤。

四、羊传染性胸膜肺炎

羊传染性胸膜肺炎又称羊支原体性肺炎，是由多种支原体引起的一种高度接触性传染病，以高热、咳嗽为特征，胸膜发生浆液性和纤维素性炎症，取急性或慢性经过，病死率很高。

（一）识病原

引起羊支原体性肺炎的病原包括丝状支原体山羊亚种、丝状支原体丝状亚种、山羊支原体山羊肺炎亚种和绵羊肺炎支原体。支原体呈革兰氏染色阴性，没有细胞壁。

（二）知规律

患羊是主要的传染源，病原主要存在于患羊的肺、胸腔积液和纵隔淋巴结中。病原随呼吸道分泌物排出体外。感染途径主要是空气、飞尘。当羊营养不良，受寒感冒时，会使机体抵抗力降低而发病。该病呈地方流行性，以冬季发病最多。

（三）看症状

患羊初期体温升高，精神沉郁，食欲减退，咳嗽，流浆液性鼻涕。发病 4～5d 后，咳嗽加重，鼻流黏液性或铁锈色鼻液；胸部听诊出现支气管呼吸音及摩擦音，叩诊呈浊音，病变多在一侧，触摸胸壁表现疼痛；呼吸困难，体温升高至 41～42℃，高热稽留，拱背作痛苦姿势。孕羊流产，瘤胃臌气，眼睑肿胀，口腔溃烂，唇、乳房出现皮疹，濒死期体温降至常温以下。病程 7～15d。

（四）观病变

病变多局限于胸部，胸腔有淡黄色积液，一侧或两侧性肺炎（图 13-6）。肺发生肝变，切面呈大理石状外观，肺间质变宽，水肿。胸腔有纤维蛋白性渗出，胸膜变厚、表面粗糙，胸膜、肺、心包膜发生粘连。支气管淋巴结和纵隔淋巴结肿大，切面多汁，有点状出血。心包积液，心肌松软。肝脏、脾脏肿大，胆囊积有多量胆汁，肾脏肿大，被膜下有小点出血。病程延长，肺肝变区机化，形成包囊。化脓菌继发感染，可见化脓性肺炎。

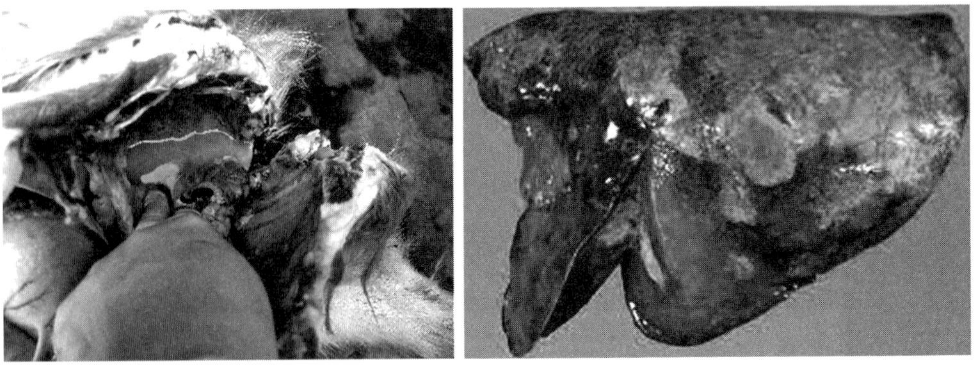

图 13-6　胸腔积液及肺部病变

（五）重预防

严禁从病区购羊，坚持自繁自养。加强饲养管理，定期检疫，对假定健康羊应分群饲养。每年定期使用山羊传染性胸膜肺炎氢氧化铝菌苗接种，6 月龄以下的羊皮下或肌内注射 3mL，6 月龄以上的羊注射 5mL。对被病菌污染的环境、用具等进行消毒处理。

（六）早治疗

治疗该病应抗菌消炎，止咳平喘，制止渗出，对症治疗。

【方案 1】应用：①30%氟苯尼考 0.07mL/kg（以体重计）；②氟尼辛葡甲胺 2mg/kg（以体重计）。分别肌内注射，每天 1 次，连用 5～7d。

【方案 2】应用硫酸卡那霉素 15mg/kg（以体重计），泰乐菌素 15mg/kg（以体重计），混合后一次肌内注射，每天 1 次，连用 5～7d。

【方案 4】应用恩诺沙星 2.5mg/kg（以体重计），肌内注射，每天 1 次，连用 5～7d。

【方案 5】应用麻杏石甘口服液 50mL 兑水 70kg，供羊自由饮用，连用 3～5d；或按每千克体重 0.2mL 灌服，每天 1～2 次，连用 5～7d。

注意：由于支原体无细胞壁，所以使用青霉素类或头孢类抗生素等药物治疗无效。

五、牛支原体肺炎

牛支原体肺炎由牛致病性支原体引起，是以支气管或间质性肺炎为特征的慢性呼吸道疾病。

（一）识病原

对牛具有致病性的支原体包括牛支原体、殊异支原体、牛生殖道支原体、微碱性支原体、尿支原体等。目前，牛支原体感染已被认为是育肥牛与犊牛呼吸道疾病与多发性关节炎的重要病因。

（二）知规律

1. 传播途径 与感染牛接触或吸入含病原的飞沫后经呼吸道感染。

2. 易感动物 不同性别和年龄的牛均可感染，但主要侵害3月龄左右至1岁的牛。

3. 流行特点 一年四季均可发生，但以冬春季节多见。常发生在新引入牛群，引入后2周左右发病。有些地方称为"运输应激综合征""船运热"等。直接病原是牛支原体，但常继发和混合感染其他病原，如多杀性巴氏杆菌、化脓隐秘杆菌、溶血性曼氏杆菌等。该病具有较高的死亡率，可达10%～30%。该病通常散发。

4. 诱因 牛支原体肺炎是宿主、病原和环境三因素共同致病的典型，其中环境因素主要为运输应激，即运输途中气候恶劣，运输前、中、后对牛的饲养管理不当，使牛的抵抗力下降从而发病。

（三）看症状

（1）患牛初期体温升高至41.5℃左右，稽留热，咳嗽，气喘，无鼻液（与其他细菌混合感染时流浆液性或脓性鼻液），腹式呼吸，伸颈喘气，两前肢分开，呼吸急促（闭口呼吸），发出呻吟，不愿卧下，伴有痛性短咳，清晨及半夜咳嗽加剧。

（2）按压肋间有疼痛表现，肺部听诊肺泡音减弱或消失，有支气管呼吸啰音和胸膜摩擦音。

（3）中后期体温正常，食欲减退或废绝，消瘦（图13-7），被毛粗乱，流泪，有的出现结膜炎、关节炎、中耳炎（图13-8）及肠炎。

图13-7 慢性感染时患牛消瘦

（四）观病变

（1）鼻腔有大量浆液性或脓性鼻液，气管内有黏性分泌物。

图 13-8　中耳炎，头颈偏向一侧

（2）胸腔积液（图 13-9），有淡黄色渗出物，心、肺与胸膜粘连，心包积液。

（3）肺脏有大小不同的红色肉变区（图 13-10），肉变区内散在大小和数量不等的白色化脓灶或黄色干酪样坏死灶（图 13-11），切面可见脓汁或豆腐渣样物流出。

（4）关节腔积液，内有脓汁（图 13-12）或干酪样坏死物（图 13-13）。

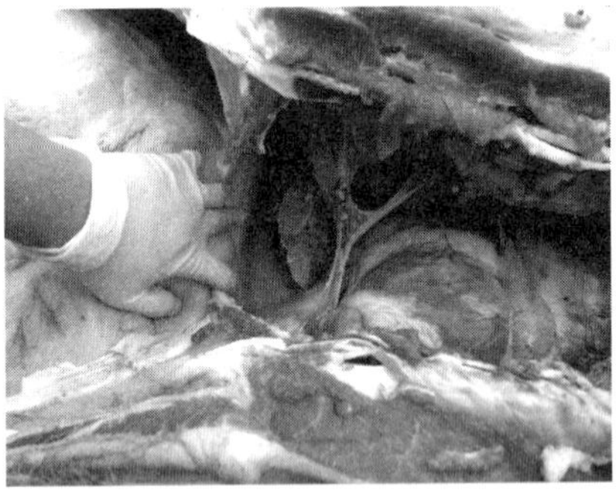

图 13-9　胸腔内积有混浊液体

图 13-10　肺脏腹下侧出现大面积肉变区

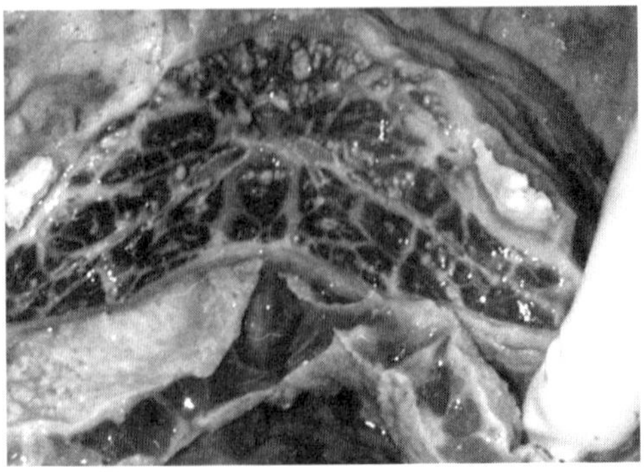

图 13-11　切面可见肺间质增宽，有干酪样坏死灶

图 13-12　关节积脓

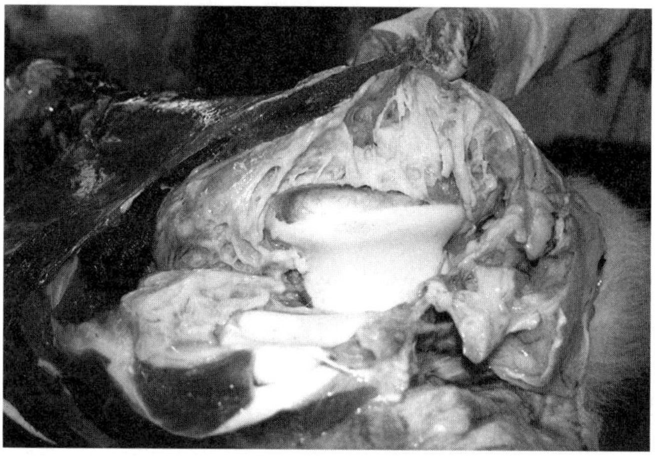

图 13－13　关节腔内有干酪样坏死物

（五）重预防

（1）加强牛群的引进管理，确保引进牛的健康；尽量减少远距离运输，不从疫区引进牛。加强饲养管理，改善环境卫生，彻底消除应激因素。

（2）犊牛在运输前应做好调适工作，至少在运输前 30d 断奶，并使其适应粗饲料与精饲料饲喂。引进牛应隔离观察 30～45d，确保健康后方可混群。

（六）早治疗

治疗该病应抗菌消炎，止咳平喘，对症治疗，提高抵抗力。

【方案 1】应用：①加米霉素 6mg/kg（以体重计）或泰拉霉素 6mg/kg（以体重计），皮下注射，5d 后重复注射 1 次；②美洛昔康 5mg/kg（以体重计），肌内注射，5d 后重复注射 1 次。

【方案 2】应用：①氨溴索注射液 30～240mg；②10％葡萄糖注射液 250～500mL，维生素 C 2～5g，10％樟脑磺酸钠 10～20mL；③5％葡萄糖注射液 250～500mL，5％恩诺沙星 2.5mg/kg（以体重计）；④生理盐水 250～500mL，硫酸卡那霉素 10～15mg/kg（以体重计）；⑤5％碳酸氢钠溶液 250～500mL。分别静脉注射，每天 1 次。

【方案 3】应用：①10％葡萄糖注射液 250～500mL，10％葡萄糖酸钙注射液 100～300mL，10％水杨酸钠 100～300mL，40％乌洛托品 40～80mL；②5％葡萄糖注射液 250～500mL，盐酸四环素 5～10mg/kg（以体重计）或盐酸土霉素 10～15mg/kg（以体重计）；③生理盐水 100～250mL，氢化可的松 0.2～0.5g；④5％葡萄糖注射液 250～500mL，鱼腥草注射液 30～60mL。分别静脉注射，每天 1 次。

注意：方案 2、方案 3 适合病情中等或严重者（呼吸加快、气喘，体温升高、肺部啰音明显、食欲废绝）。方案 1 适合轻微病例；也适合病情中等或严重者经过方案 2、方案 3 治疗后的巩固治疗。

六、牛结核病

牛结核病是由牛分枝杆菌引起的人兽共患传染病，属于我国规定的二类动物疫病。

（一）识病原

牛结核病病原是牛分枝杆菌。该菌是革兰氏阳性菌，外形呈棍状，没有芽孢和荚膜，不能运动。

（二）知规律

1. 传染源 患牛和带菌牛是主要传染源。牛奶或奶制品是人类感染牛结核病的重要传染源，其次是被结核分枝杆菌污染的环境、水源等。

2. 传播途径 经飞沫通过呼吸道传播。

3. 易感动物 牛易感，其中奶牛最易感，水牛易感性也很高，黄牛和牦牛次之。

（三）看症状

该病潜伏期一般为 3～6 周，有的可长达数月或数年。通常为慢性经过，以肺结核、乳房结核、肠结核和淋巴结核最为常见。

1. 肺结核 以长期顽固性干咳为主要特征。患牛易疲劳，逐渐消瘦，严重者可见呼吸困难。

2. 乳房结核 一般先是乳房淋巴结肿大，继而后方乳腺区发生局限性或弥散性硬结，表面凹凸不平；泌乳量下降，乳汁变稀，严重时乳腺萎缩，泌乳停止。

3. 肠结核 患牛消瘦，持续下痢与便秘交替出现，粪便常带血或脓汁。

4. 淋巴结核 肩前、股前、腹股沟、下颌、咽及颈部等淋巴结肿大，有时可能破溃形成溃疡。

（四）观病变

（1）肺脏、淋巴结、乳房和胃肠黏膜等处形成白色或黄白色增生性结节（图 13－14），切面干酪样坏死或钙化，有的形成空洞，最常见于肺脏。

（2）胸腹腔浆膜上有许多粟粒至豌豆大的半透明或不透明的灰白色结节（图 13－15），形似珍珠，俗称“珍珠病”。

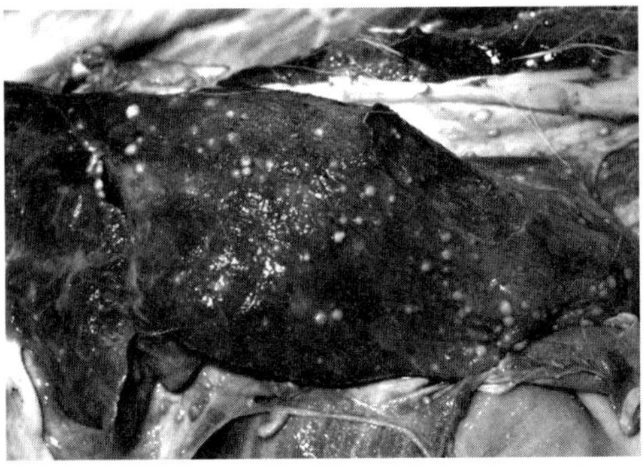

图 13－14 肺部黄白色增生性结节

（五）重预防

（1）防止疫病传入，净化牛群，培育健康牛群。检疫阳性牛要予以扑杀，杜绝传染源，同时加强消毒。外购牛时应严格检疫。

（2）每年春秋两季用提纯牛型结核菌素做皮内变态反应试验并进行监测。初生犊牛，应于 20 日龄时进行第一次监测，100～120 日龄时进行第二次监测。

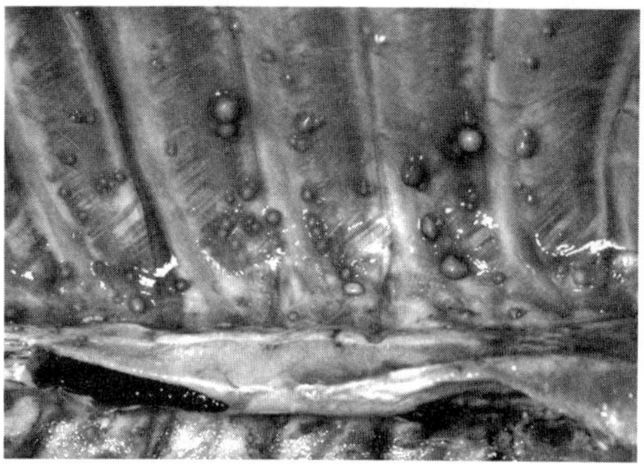

图 13-15　胸壁结节（“珍珠病”）

七、牛肺线虫病

牛肺线虫病主要由网尾科线虫（又称大型肺线虫）寄生于牛羊的气管、支气管、细支气管和肺泡内而引起的一种呼吸道寄生虫病。

（一）识病原

网尾线虫虫体呈乳白色，细丝状。丝状网尾线虫雄虫长 30～80mm，雌虫长 50～110mm，多寄生于山羊、绵羊的支气管和气管，虫卵呈椭圆形，无色透明，内含一个已发育成形的幼虫。胎生网尾线虫雄虫长 40～55mm，雌虫长 60～80mm，多寄生于牛的支气管与气管，虫卵呈椭圆形，内含幼虫。

（二）知规律

1. 生活史　寄生于宿主气管、支气管内的网尾线虫雌虫产出含有幼虫的虫卵；宿主咳嗽时虫卵进入口中，通过吞咽进入胃肠道内，然后孵出幼虫，随粪便排出体外；在适宜的条件下，排出的幼虫经过 6～7d 发育为具有感染性的幼虫；牛羊吞食被幼虫污染的水、草而被感染；虫体可沿血液循环经心脏到达肺，并可从肺部的毛细血管中逸出，再侵入肺泡，最后移行至支气管内继续发育为成虫（图 13-16）。

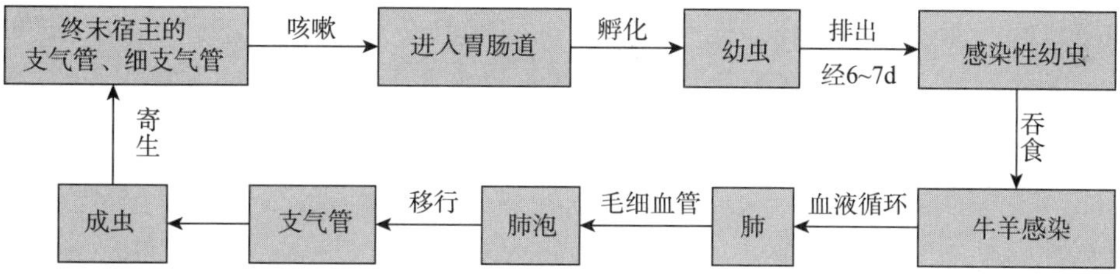

图 13-16　肺线虫生活史

2. 流行特点　该病分布较广，在温暖、潮湿、水源丰富的地区发生较多，不同日龄、品种和性别的牛羊均可感染，尤以羔羊和犊牛最易感，且感染后症状最为严重。一年四季均可发病，但主要发生于夏秋两季。

（三）看症状

（1）患畜咳嗽，初为轻咳、干咳，后变为湿咳、频咳，尤以夜间和清晨出圈时明显；咳出的痰液中含有虫卵、幼虫或成虫。

（2）患畜鼻流黏液，黏液干后在鼻孔周围形成硬皮。

（3）患畜精神不振，逐渐消瘦，被毛粗乱，食欲不振，长期躺卧。

（4）后期患畜呼吸困难，不能站立，吐白色泡沫，最后窒息死亡。

（5）发生肺炎时，患畜体温升高至40.5～42℃，流黏液性鼻液，听诊肺部有干性啰音或湿性啰音及气管呼吸音。

（四）观病变

该病典型病变是在肺支气管和气管内可以发现虫体（图13-17、图13-18）。

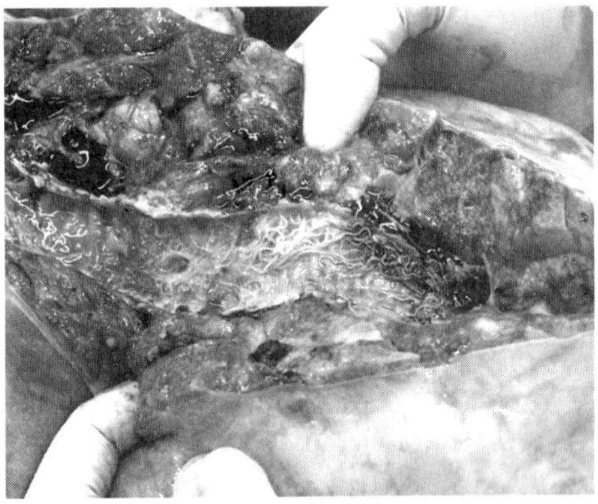

图13-17　支气管内发现网尾线虫

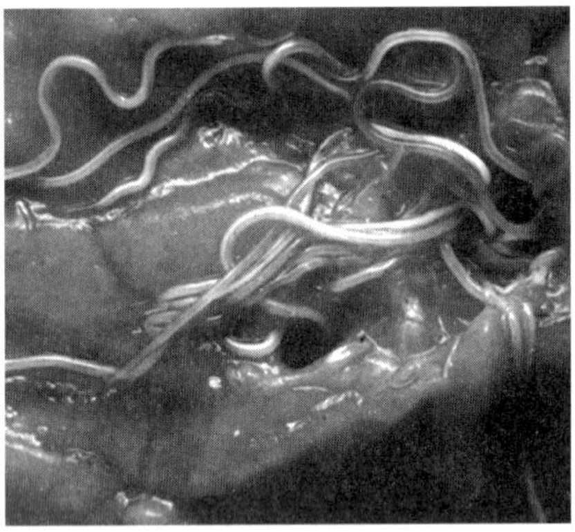

图13-18　大量肺线虫寄生于肺部
（引自Chiris，2017）

（五）重预防

预防该病应加强饲养管理，提高牛羊的抗病能力，重点保护幼犊（羔）；定期驱虫；及时处理粪便，可进行集中堆积发酵；严格管控饮水质量，禁止饲喂发霉变质的饲料。

（六）早治疗

可选择以下药物进行驱虫：①盐酸左旋咪唑，内服，每次7.5mg/kg（以体重计）；②芬苯达唑，内服，每次5～7.5mg/kg（以体重计）；③伊维菌素或阿维菌素，皮下注射，每次0.2mg/kg（以体重计）。

八、犊牛肺炎

犊牛肺炎是肺部炎症引发的一种严重的呼吸障碍疾病，2 月龄内的犊牛都有发病的可能，主要见于出生后 2～7d 的犊牛。犊牛肺炎一年四季均可发病，其中春季和冬季发病率最高。

（一）识病因

1. 病原微生物感染 犊牛出生后接触细菌（如结核杆菌、肺炎链球菌、睡眠嗜血杆菌、溶血性巴氏杆菌、多杀性巴氏杆菌）感染细菌性肺炎；或接触病毒（如副流感病毒、牛传染性鼻气管炎病毒、牛腺病毒、牛呼吸道合胞体病毒）感染病毒性肺炎；或接触支原体（如丝状支原体）感染支原体肺炎。

2. 环境因素刺激

（1）犊牛出生后没有及时清理粪污，垫草湿度大，牛舍没有定期清洁和消毒，造成环境卫生不合格，从而滋生致病菌，犊牛由于自身免疫力低，接触致病菌后容易引发肺部炎症。

（2）春秋季昼夜温差明显，且环境温度低，犊牛体温调节能力差容易受到冷热交替刺激；冬季牛舍通风不良，室内的氨气浓度高容易引发肺部炎症。

（3）牛舍地面若为松软沙地，犊牛运动或采食时容易吸入大量沙尘，导致异物性肺炎。

3. 犊牛自身免疫水平低下 犊牛出生后长时间没有吃到初乳或由于母牛体质差造成初乳品质差，此时犊牛获得的抗体水平低，导致犊牛被动免疫失败，因此犊牛抗病力差，容易受到致病菌的侵袭引发病原微生物感染。

（二）看症状

1. 急性犊牛肺炎 患急性犊牛肺炎的病牛食欲减退甚至废绝，精神沉郁，反应迟缓，体温升高至 39.5～42.0℃，心跳、脉搏加快，呼吸频率可达 60～80 次/min，出现明显的腹式呼吸；两鼻孔外有脓性黏液流出，早期呈干性咳嗽，后期有痰液，胸部听诊病灶肺泡音极弱，伴有湿性或干性啰音，叩诊呈半浊音或浊音。

2. 慢性犊牛肺炎 患慢性犊牛肺炎的病牛精神状况无明显改变，可自主采食，但在清晨或夜间起立、运动时出现咳嗽，肺部听诊呈湿性或干性啰音，叩诊时病牛咳嗽；被毛粗乱，消瘦（图 13－19）；反复发热但体温不超过 40.5℃。

（三）重预防

（1）保证初生犊牛吃到足量的初乳。犊牛出生后 2h 内灌服 4L 经巴氏消毒的合格初乳，6h 后再灌服 2L，12h 后再灌服 2L，使犊牛获得免疫力。

图 13-19　患牛被毛粗乱，消瘦

（2）保持犊牛舍环境干净卫生及通风良好，秋冬季注意防寒保暖，避免犊牛受凉感冒。

（3）加强饲养管理，保持合理的饲养密度。

（4）定期采用消毒药剂对环境和器具进行消毒，最大限度地消除病原微生物。

（5）接种牛病毒性腹泻（BVD）、牛传染性鼻气管炎、牛支原体肺炎等疫苗，于4～6日龄接种，2～4周后强化免疫一次，能够有效预防犊牛肺炎的发生。

（6）在肺炎发病流行阶段、气候发生剧烈变化或犊牛出现咳嗽、气喘时，使用药物预防。

（四）早治疗

治疗该病应抗菌消炎，止咳平喘，制止渗出，促进炎性渗出物的吸收和排出，纠正酸中毒。

【方案1】应用：①鱼腥草或双黄连5～10mL，头孢噻呋钠2.2mg/kg（以体重计）；②5%恩诺沙星2.5mg/kg（以体重计）或马波沙星4mg/kg（以体重计）；③氟尼辛葡甲胺2mg/kg（以体重计）。分别肌内注射，每天1次。

【方案2】应用土霉素10～15mg/kg（以体重计），肌内注射，每天1次。

【方案3】应用：①加米霉素25kg/mL，皮下注射，5d后重复注射1次；②美洛昔康5mg/kg（以体重计），肌内注射，5d后重复注射1次。

注意：以上处方用于病情中等或较轻的病例。

对于呼吸加快、气喘、体温升高、肺部啰音明显、食欲废绝的牛，应按以下方案进行输液治疗：

【方案1】应用：①氨溴索注射液30～60mg；②10%葡萄糖注射液100～200mL，维生素C 1～3g，10％樟脑磺酸钠 5～10mL；③生理盐水 100～200mL，头孢噻呋钠 2.2mg/kg（以体重计），地塞米松 5～10mg；④5％葡萄糖注射液 100～200mL，5％恩诺沙星 2.5mg/kg（以体重计）；⑤生理盐水 100～200mL，硫酸卡那霉素 10～15mg/kg（以体重计）；⑥5％碳酸氢钠溶液 100～250mL。分别静脉注射，每天1次。

【方案2】应用：①10％葡萄糖注射液 100～200mL，10％葡萄糖酸钙注射液 10～50mL，10％水杨酸钠 50～100mL，40％乌洛托品 20～40mL；②5％葡萄糖注射液 100～250mL，盐酸四环素 5～10mg/kg（以体重计）；③生理盐水 50～100mL，氢化可的松 0.2～0.5g；④5％葡萄糖注射液 100～250mL，鱼腥草注射液 10～30mL。分别静脉注射，每天1次。

14 第十四章 以黏膜黄疸（黄染）、苍白、消瘦为特征的牛羊疾病

一、肝片吸虫病

肝片吸虫病是由肝片吸虫和大片吸虫寄生于牛羊等反刍动物的肝脏和胆管内所引起的以贫血和消瘦为特征的一种寄生虫病。

（一）识病原

肝片吸虫属于片形科、片形属；外形呈树叶状（图 14－1），背腹部较为扁平；前端有一个三角形的头椎，椎底突然变宽形成“肩”部，“肩”部以后逐渐变窄；新鲜虫体颜色为肉红色，浸泡后变为黑色；虫卵较大，呈圆桶形（图 14－2），颜色为黄褐色，存在卵盖，内部充满卵黄细胞和一个胚细胞。

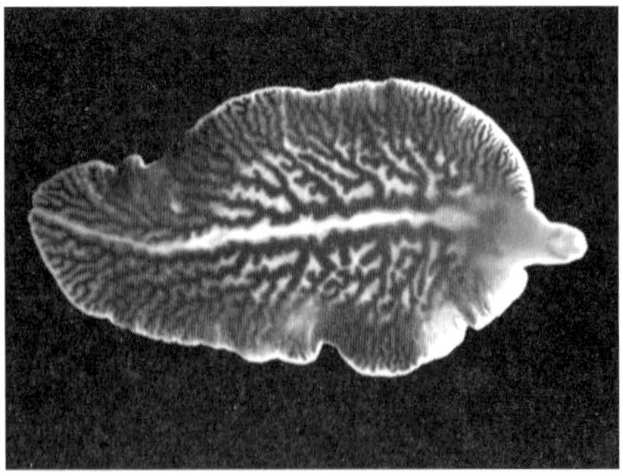

图 14－1　肝片吸虫形态

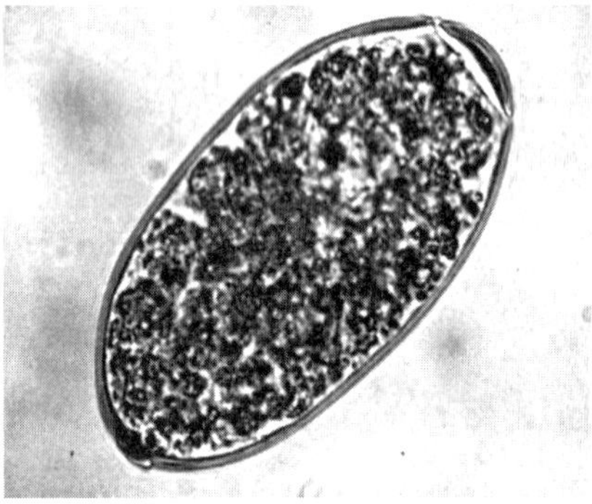

图 14－2　肝片吸虫虫卵

（二）知规律

1. 生活史　肝片吸虫的成虫为雌雄同体，寄生在牛羊肝脏胆管中，所产的虫卵随胆汁进入肠腔，再随粪便排出体外，在 15～30℃的水中经 10～25d 可孵出毛蚴，遇到中间宿主椎实螺便钻入其中发育为尾蚴。尾蚴离开螺体，附着于水草或在水中脱尾形成囊蚴。

牛羊在吃草或饮水时食入囊蚴而感染（图 14－3）。囊蚴在十二指肠逸出童虫，童虫穿过肠壁再经肝表面钻入肝脏内的胆管，再经 2～3 个月发育为成虫。

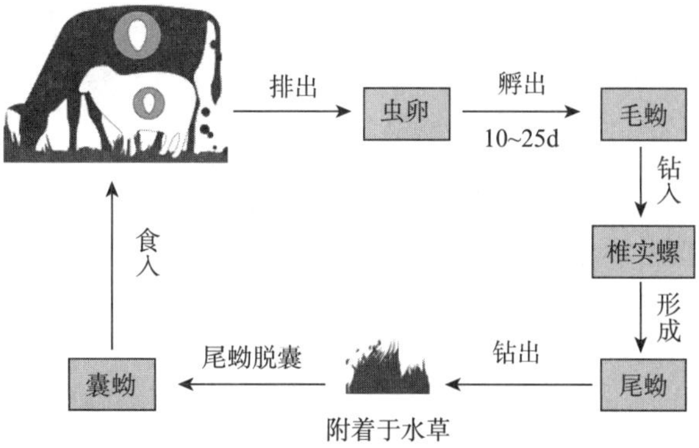

图 14－3　肝片吸虫生活史

2. 流行病学　牛羊肝片吸虫病多呈地方性流行，主要发生在地势低洼、潮湿、多沼泽及水源丰富的放牧地区。夏秋季节多发，多雨年份能促进该病的流行。南方温暖季节较长，因而感染季节也较长。

（三）看症状

典型症状表现为腹胀或腹泻，体温骤升，贫血，黏膜苍白，肝脏肿大，食欲不佳，贫血，便秘和腹泻交替。慢性型病例多发生消瘦，黏膜苍白，贫血，被毛粗乱，眼睑、下颌（图 14－4）、腹下出现水肿。

图 14－4　羊下颌水肿

（四）观病变

病变主要在肝脏和胆管，在肝脏、胆囊以及胆管中可见大量的成虫和幼虫（图 14－5、图 14－6）。

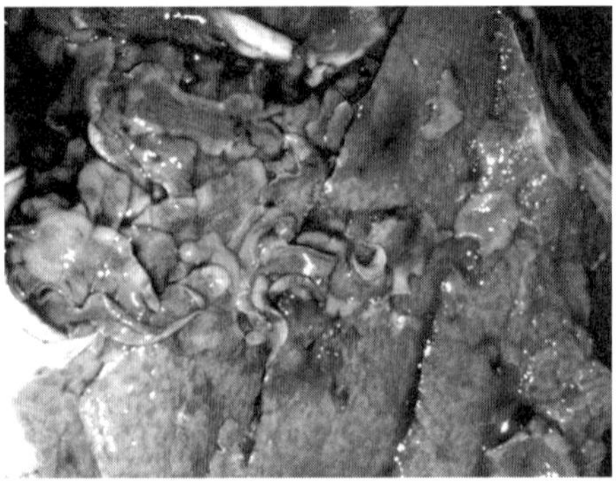

图 14-5　胆管中因有大量虫体而增粗

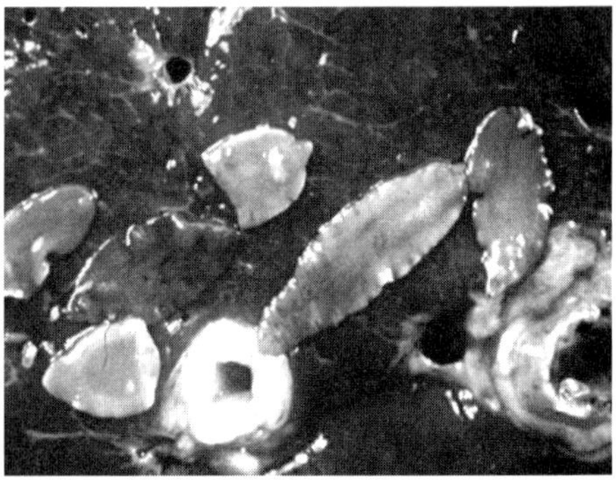

图 14-6　胆管中的肝片吸虫

（五）重预防

（1）预防性驱虫，选择春秋两季进行常规驱虫工作。
（2）使用药物灭螺、土壤掩埋灭螺、日晒灭螺、生物灭螺等措施消灭中间宿主螺类。
（3）在地势高燥处放牧和轮转，防止牛羊食入囊尾蚴。
（4）做好粪便的无害化处理工作。

（六）早治疗

【方案 1】应用硝氯酚（拜尔 9015）：只对成虫有效。粉剂：牛 3～4mg/kg（以体重计），羊 4～5mg/kg（以体重计），一次口服。针剂：牛 0.5～1.0mg/kg（以体重计），羊 0.75～1.0mg/kg（以体重计），深部肌内注射。

【方案 2】应用丙硫咪唑（抗蠕敏）：牛 10mg/kg（以体重计），羊 15mg/kg（以体重计），一次口服，对成虫有疗效，但对童虫效果较差。

【方案 3】应用三氯苯唑（肝蛭净）：牛用 10%的混悬液或含 900mg 的丸剂，按 10mg/kg（以体重计），经口投服；羊用 5%的混悬液或含 250mg 的丸剂，按 12mg/kg（以体重计），经口投服。该药对成虫、幼虫和童虫均有高效驱杀作用，亦可用于治疗急性病例。

【方案 4】应用吡喹酮：牛 35～45mg/kg（以体重计），羊 60～70mg/kg（以体重计），一次口服；或牛羊均按 30～50mg/kg（以体重计），用液状石蜡或植物油配制成灭菌油剂，腹腔注射。

二、焦虫病

焦虫病是由泰勒虫或巴贝斯虫寄生于动物红细胞中的一种血液寄生虫病。

（一）识病原

泰勒虫和巴贝斯虫是焦虫病的主要病原。泰勒虫主要寄生于动物淋巴细胞和红细胞中，虫体呈现多种形态（图 14－7），常见的为卵圆形或圆形，有时可见杆状或圆点状，取淋巴结和脾脏制成涂片，可发现裂殖体，又称石榴体（图 14－8）。巴贝斯虫寄生于动物红细胞中，位于红细胞中央，虫体形态包括椭圆形、梨形或不定形（图 14－9）。

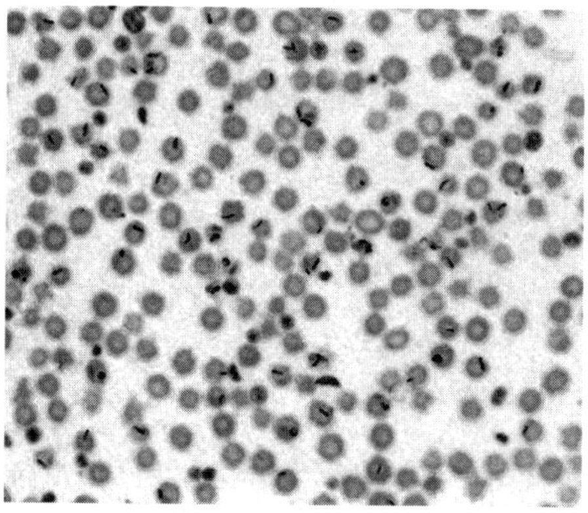

图 14－7　红细胞中多种形态的泰勒虫

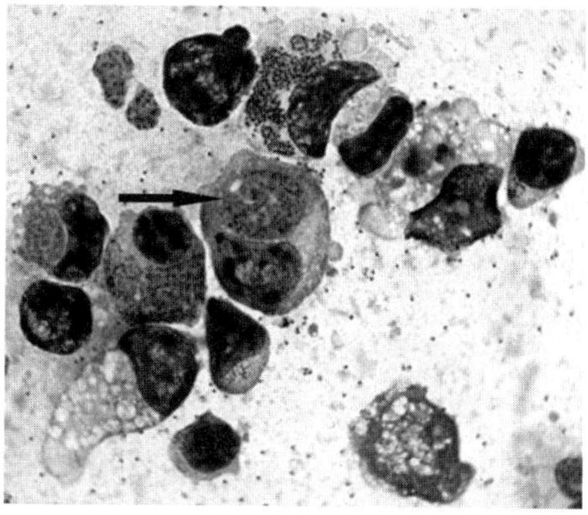

图 14－8　淋巴细胞中存在的石榴体
（引自 Alan，2012）

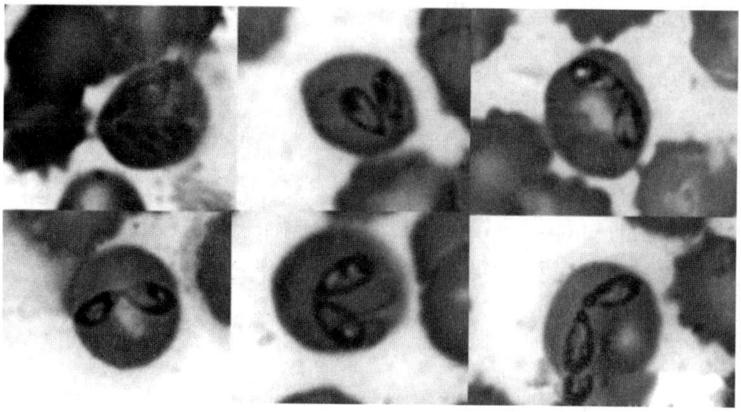

图 14－9　各种形态的巴贝斯虫

（二）知规律

1. 生活史　焦虫病的中间宿主为牛羊，终末宿主为蜱。被焦虫感染的蜱虫叮咬动物时，子孢子随着蜱虫的唾液进入动物体内，侵入淋巴细胞中进行裂殖增殖。淋巴细胞破裂之后，释放大量裂殖子侵入红细胞。蜱虫吸血时，将感染的红细胞吸入肠道，焦虫在蜱虫的肠道中完成配子生殖。蜱虫肠道中红细胞破裂释放出大量大、小配子，大、小配子结合形成合子，进而发育为动合子并侵入唾液腺中增殖，产生大量子孢子。当蜱虫再次叮咬牛羊的皮肤时，子孢子就会进入牛羊血液中开始新一代的无性繁殖。

2. 流行特点　各年龄段或品种的牛羊均可感染，以犊牛和羔羊易感，羔羊、幼龄羊

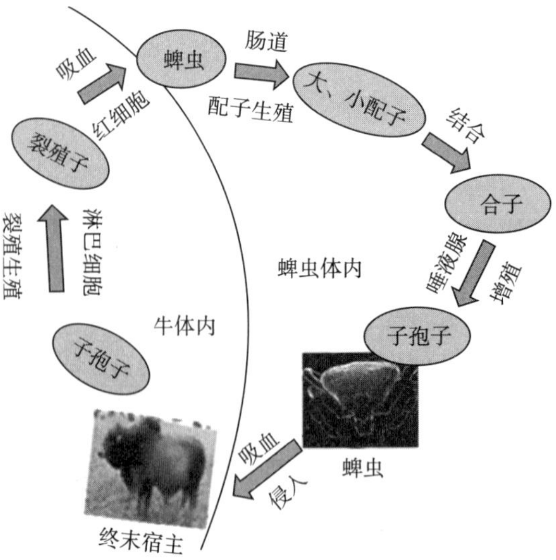

图 14-10　焦虫生活史

感染后症状严重，死亡率较高。该病具有典型的季节性，在夏秋季蜱虫繁殖的季节高发，尤其是每年的 7—9 月。夏季雨后潮湿闷热的环境可能促进焦虫病的发生。另外，在地势低洼、潮湿的牧场中，焦虫病感染率更高。

（三）看症状

该病的潜伏期为 8～15d。成年牛多为急性经过，病初体温可高达 40～42℃，呈稽留热。体表淋巴结明显肿大，肩前和下颌等部位的淋巴结最明显。食欲减退，反刍停止，呼吸加快，肌肉震颤，精神沉郁，奶牛产奶量急剧下降。一般在发病后 3～4d 出现血红蛋白尿，随后出现明显的贫血和黄染，快速消瘦。孕畜多流产。

（四）观病变

病死动物全身黏膜出现黄染，血液凝固异常，膀胱有少量血尿。体表淋巴结肿大 3～5 倍。血液稀薄，肝脏显著肿大，外观呈现棕黄色或者棕红色。肾呈黄褐色，表面有结节和小点状出血，心包积液，胃内容物少且水分含量明显减少。

（五）重预防

（1）定期洗刷动物体表，及时杀灭吸附的蜱虫，使用浓度为 0.2%～0.5%的敌百虫溶液进行喷洒。

（2）坚持自繁自养，若必须引种，应做好引种地疫病流行病学调查工作，严禁从疫区引种，同时对引种动物进行血液检查，排除焦虫病隐性携带者的可能。引入动物须隔离饲养，隔离期结束后检验无异常后方可进行混群。

（六）早治疗

1. 杀虫

【方案1】应用三氮脒3～5mg/kg（以体重计），用磺胺间甲氧嘧啶20～30mL或生理盐水稀释后，间隔24h肌内注射或皮下注射1次，连续使用2～3次。

【方案2】应用黄色素（盐酸吖啶黄）3～4mg/kg（以体重计，每头牛最大剂量不超过2g），用生理盐水配成0.5%～1%溶液缓慢静脉注射，必要时隔48～72h后重复用药1次。

2. 强心补液，解热镇痛，抗菌消炎，纠正酸中毒

【方案1】应用：①10%葡萄糖注射液500～1 000mL，10%葡萄糖酸钙注射液100～300mL，维生素C 1～5g，维生素B_{12} 2～5mg；②生理盐水500～1 000mL，头孢噻呋钠0.5～2g，地塞米松5～10mg；③5%碳酸氢钠溶液250～500mL；④氟尼辛葡甲胺1～2mg/kg（以体重计）。①②③分别一次静脉注射，每天1次，连续用药2～5d；④肌内注射，每天1次，直至体温恢复正常。

【方案2】应用：①10%葡萄糖注射液250～500mL，10%葡萄糖酸钙注射液100～300mL，10%水杨酸钠100～300mL，40%乌洛托品40～80mL；②10%葡萄糖注射液250～500mL，维生素C 2～5g，10%樟脑磺酸钠10～20mL；③生理盐水500～1 000mL，复方磺胺间甲氧嘧啶钠50～200mL；④5%碳酸氢钠溶液250～500mL。分别静脉注射，每天1次。

3. 纠正贫血

【方案】用采血袋采集健康牛血液1 000～2 000mL，一次静脉输入。

4. 中兽医治疗　可参考中兽医学的热入营分、气血虚弱等证进行辨证施治。

（1）热入营分　证见高热稽留，或有间歇热，精神沉郁，肌肉震颤，体表淋巴结肿大，粪便呈棕黄色，舌红苔黄白，脉细数。治宜清营解毒、透热养阴。方用清营汤：水牛角、生地黄、玄参、金银花各60g，连翘、黄连、丹参、麦冬各45g，竹叶心、黄连各30g，水煎灌服。

（2）气血虚弱　证见体瘦毛焦，起立及运步艰难，或卧地不起，尿色浅红或深红，黄疸，水肿，产奶量急剧下降。病牛迅速衰弱。孕牛多流产。治宜健脾补血。方用归脾汤加减：党参、当归、白术、炙黄芪、龙眼肉、酸枣仁各60g，熟地黄、白芍、川芎、茯苓各45g，远志30g，木香、生姜、大枣各20g，炙甘草15g，水煎灌服。

第十五章 以神经系统机能障碍为特征的牛羊疾病

一、中暑

中暑又称日射病和热射病。日射病是牛在炎热的季节中，头部持续受到强烈的日光照射而引起脑及脑膜充血和脑实质的急性病变，导致中枢神经系统发生机能障碍的疾病。热射病是牛所处的环境气温高、湿度大，产热多、散热少，体内积热而引起的严重中枢神经系统功能紊乱的疾病。

（一）识病因

（1）在高温天气和强烈阳光下驱赶牛羊、或运输应激等可引发此病。

（2）集约化养殖场饲养密度过大、潮湿闷热、通风不良，牛羊体质衰弱或过肥、出汗过多但饮水不足、缺乏食盐等是引起本病的常见原因。

（二）看症状

（1）患畜体温急剧升高（将温度计插进直肠，10s 内温度可升到 42℃以上）。

（2）患牛气喘，张口呼吸。听诊心跳加快（达 100 次/min 以上），肺泡和支气管呼吸音增强，粗粝。

（3）病情严重的牛站立不稳，倒地昏迷。

（4）结膜发绀，静脉血呈酱油色。

（三）早治疗

1. 西医治疗

（1）除去病因，加强护理　立即停止一切应激，将患畜移至阴凉通风处。若患畜卧地不起，可就地搭建遮阳棚，并保持安静。

（2）促进降温　不断用冷水浇洒患畜全身，或用冷水灌肠，或用 75%酒精擦拭体表。

（3）减轻心、肺负荷

①泻血　体质较好者可适量（1 000～2 000mL）泻血，同时静脉注射等量生理盐水。

②缓解心肺功能障碍　心功能不全者，注射10%樟脑磺酸钠等强心剂。

③防止肺水肿　注射地塞米松。

（4）镇静安神　当患畜烦躁不安和出现痉挛时，肌内注射氯丙嗪。

（5）缓解酸中毒　静脉注射5%碳酸氢钠溶液300～500mL。

静脉补液常用处方（肺水肿者慎用）：①10%葡萄糖注射液500～1 000mL，10%葡萄糖酸钙注射液100～300mL，维生素C 2～5g；②生理盐水500～1 000mL，10%樟脑磺酸钠10～20mL；③5%碳酸氢钠溶液250～500mL。分别一次静脉注射。

2. 中兽医治疗　中兽医称牛中暑为发痧，分为伤暑和中暑。

（1）伤暑（病情轻）　以清热解暑为原则，方用香薷散加减：香薷30g，藿香40g，青蒿40g，佩兰40g，知母40g，陈皮40g，滑石100g，石膏200g，水煎后一次灌服。

（2）中暑（病情重）　以清热解暑、开窍、镇静为原则，方用白虎汤合清营汤加减：生石膏300g，知母40g，青蒿40g，生地50g，玄参45g，淡竹叶40g，金银花40g，黄芩60g，甘草30g，芦根70g，水煎后一次灌服。

二、脑膜脑炎

脑膜脑炎是脑软膜及脑实质的炎症性疾病，导致严重的脑机能障碍。其临床特征是兴奋与抑制交替出现，并伴有运动失调。

（一）识病因

该病的主要病原是革兰氏阴性菌，如大肠杆菌、克雷伯氏菌、沙门氏菌和昏睡嗜血杆菌等。某些革兰氏阳性菌，如李氏杆菌也是重要的病原。

（二）看症状

1. 沉郁型　患畜精神迟钝，目光无神，不听使唤，呆立不动或取不自然的姿势，牵拉费力，前肢广踏或前肢交叉；走路时步样笨拙，共济失调，甚至倒地，呈昏睡状态。

2. 兴奋型　狂躁不安，不顾障碍，前冲后退，咬牙，攀登饲槽，甚至挣断缰绳，不避障碍，向前猛进；全身肌肉痉挛，转圈，磨牙空嚼，瞳孔散大，口吐白色泡沫（图15－1），卧倒后四肢呈游泳状。

图15－1　患牛靠墙，瞳孔散大，口吐泡沫
（引自David，2019）

3. 混合型　患畜兴奋时呼吸急促，脉搏剧增，沉郁时呼吸深慢，脉搏弱小，饮食欲异常，排粪迟滞，尿量

减少；同时全身的痉挛状态与麻痹状态交替出现。一般很难治愈。

（三）早治疗

治疗该病应加强护理，抗菌消炎，降低颅内压和对症治疗。

【方案 1】应用：①40%乌洛托品 50～100mL；②10%磺胺嘧啶钠注射液 100～300mL。分别静脉注射，每天 2 次，连用 3～4d。

【方案 2】应用 30%安乃近 10～30mL，青霉素 400 万～1 200 万U，硫酸链霉素 200 万～400 万U，地塞米松 5～20mg，混合后牛一次肌内注射，每天 2 次，连用 3～4d。

【方案 3】应用 5%葡萄糖注射液 500～1 000mL，盐酸四环素 2～3g，氢化可的松 0.2～0.5g，混合后牛一次静脉注射。

【方案 4】应用 25%山梨醇溶液 70～1 000mL 或 20%甘露醇溶液 500～1 000mL，牛一次静脉注射。

三、脑多头蚴病

脑多头蚴病是由多头绦虫的幼虫——脑多头蚴寄生于家畜大脑或脊髓内，引发神经机能障碍的寄生虫病。

（一）识病原

脑多头蚴属于圆叶目、带科、多头属、多头绦虫的幼虫，呈乳白色半透明的泡囊，直径约 5cm，囊壁由两层膜组成，外层膜为角质层，内层膜为生发层，其上有许多原头蚴，直径为 2～3mm，数量为 100～250 个。多头蚴的成虫是寄生于犬小肠的多头绦虫，虫体长 40～100cm，孕节子宫内充满虫卵，卵内含六钩蚴。

（二）知规律

1. 生活史 脑多头蚴成虫寄生于犬、狼等终末宿主的小肠内，脱落的孕节随粪便排出体外（图 15-2）。虫卵被中间宿主牛、羊等吞食，六钩蚴在胃肠道内逸出，随血流被带到脑脊髓中，经 2～3 个月发育为多头蚴。终末宿主吞食了含有多头蚴的脑或脊髓，原头蚴逸出附着在小肠壁上逐渐发育，经 47～73d 发育为成虫。

2. 流行特点 该病是我国牧区和农村养羊密集区常见的寄生虫病。对羊的危害大，各年龄段的羊都容易感染，但主要侵害 4 月龄至 1 岁的羔羊。犬是脑多头蚴病的主要传播者，犬类活动频繁的地方脑多头蚴病发生率更高。

（三）看症状

患畜行动迟缓，精神恍惚，出现强烈的兴奋或沉郁，角弓反张，头部晃动，原地转圈。

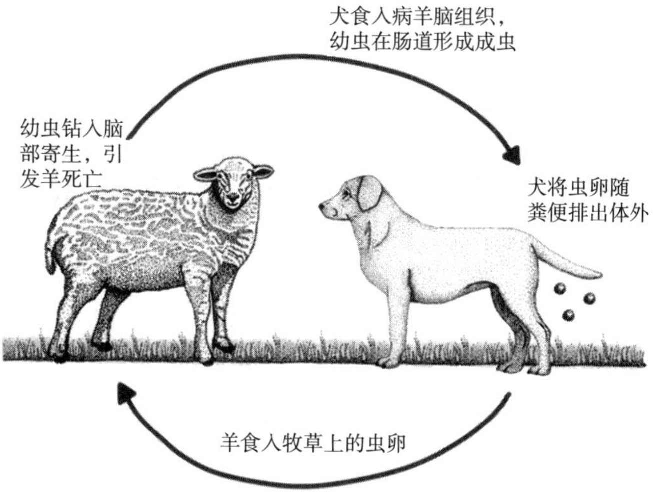
犬食入病羊脑组织，
幼虫在肠道形成成虫
幼虫钻入脑
部寄生，引
发羊死亡
犬将虫卵随
粪便排出体外
羊食入牧草上的虫卵

图 15-2　脑多头蚴的生活史

（四）观病变

患畜头骨质地松软，脑膜增厚明显且伴有混浊和充血；可发现无色透明包囊，包囊中存在大量水样液体且含有米粒大、白色的结节。

（五）重预防

1. 严格引种　坚持自繁自养，严禁从脑多头蚴病流行区域内进行引种。

2. 粪便处理　及时无害化处理患畜的粪便，消灭传染源。

3. 定期驱虫　每年应定期对羊群进行驱虫，通常一年内最少驱虫 2 次，常用驱虫药为吡喹酮，剂量为 40mg/kg（以体重计）。

（六）早治疗

1. 药物治疗　应用吡喹酮灌服治疗，给药剂量 150mg/kg（以体重计），可注射 50%葡萄糖注射液进行辅助治疗。也可选用 5%氟尼辛葡甲胺注射液搭配注射，通常成年羊每次注射 5～8mL，间隔 7d 再次注射，可达到良好的杀虫效果。

2. 手术治疗　通常应用于病情中期或晚期的患羊。

（1）圆锯开颅法　在确定区域内切一个 U 形切口，直径在 20～25cm。在顶骨上开一个圆形锯口，随后用缝合针平行进入，挑开骨膜，找到包囊，用小号针头连接注射器吸取包囊囊液，用镊子夹住包囊壁，快速取出包囊，取出后快速使用纱布进行擦拭。随后进行杀菌消毒，避免感染。

（2）针刺包囊法　在颅骨部位入针，入针深度在 2～3cm，囊液喷出后应立即将针孔向下，倒置羊头使囊液尽快排尽。用注射器抽取囊液，然后注射碘酊消毒，最后用酒精棉球按压针孔。

第十六章 以皮肤异常或损伤为特征的牛羊疾病

一、牛结节病

牛结节病又称牛疙瘩皮肤病，是由疙瘩皮肤病病毒引起牛的一种急性、亚急性或慢性传染病，以病牛发热、消瘦、淋巴结肿大、皮肤水肿、局部形成坚硬的结节或溃疡为主要临床特征。

（一）识病原

牛结节病病原为疙瘩皮肤病病毒，该病毒为痘病毒科、羊痘病毒属的成员。其形态特征与痘病毒相似，长 350nm，宽 300nm，有囊膜，但无血凝活性。迄今分离的病毒株只有一个血清型。该病毒与绵羊痘和山羊痘的病原关系密切，在血清学上有交叉中和反应。

（二）知规律

牛不分年龄和性别，都对该病易感。水牛、绵羊、山羊、家兔、长颈鹿和黑羚羊等也可能感染。患牛是该病的主要传染源，其皮肤结节、唾液、血液、肌肉、内脏、鼻腔分泌物及精液内都有病毒存在，恢复后可带毒 3 周以上。该病主要是通过直接接触传播或节肢动物传播，也可能通过饮水、饲料传播。常发生在蚊虫肆虐的夏季，但冬季也可发生。

（三）看症状

患牛自然感染的潜伏期为 2～5 周，试验感染的潜伏期为 4～12d，通常为 7d。患牛体温升高至 40℃以上，呈稽留热，并持续 7d 左右。初期表现为鼻炎、结膜炎（图 16－1），鼻孔、鼻镜上出现结节（图 16－2），进而表现眼和鼻流出黏脓性分泌物，并可发展成角膜炎。

泌乳牛产奶量降低。体表皮肤出现硬实、圆形隆起的结节，直径为 20～30mm 或更大，界线清楚，触摸有痛感。一般结节最先出现于头部、颈部、胸部、会阴、乳房和四肢（图 16－3），有时遍及全身。

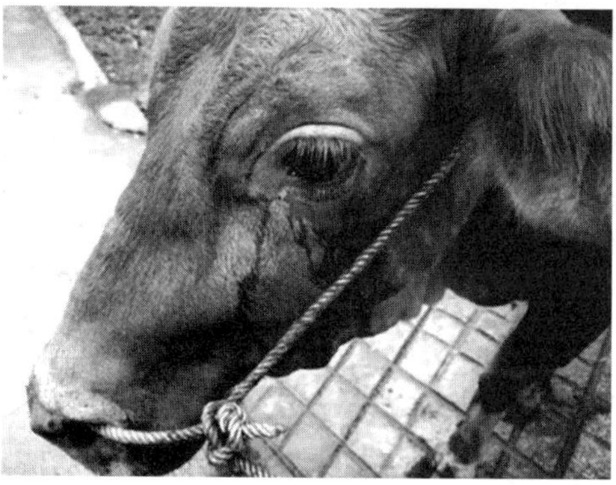

图 16－1　患牛出现结膜炎，流泪

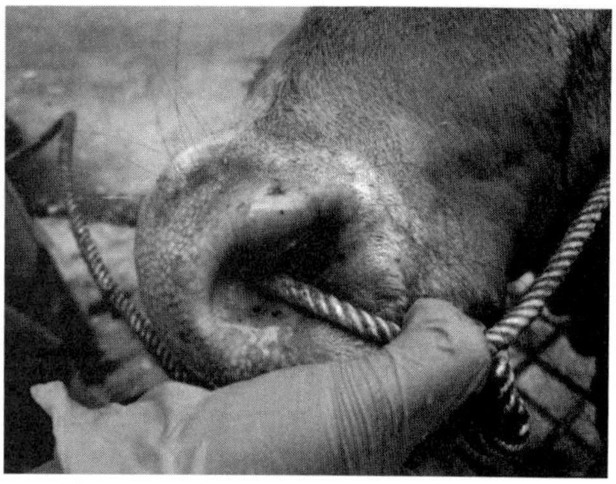

图 16－2　鼻孔和鼻镜上出现结节

图 16－3　皮肤结节

患牛体表淋巴结肿大，胸下部、乳房、四肢和阴部常出现水肿。四肢部肿大明显，可达 3～4 倍。眼、鼻、口腔、直肠、乳房和外生殖器等处黏膜也可形成结节并很快形成溃疡。重度感染牛康复缓慢，可形成原发性或继发性肺炎。

（四）观病变

典型病变是消化道和呼吸道内表面有结节病变；淋巴结肿大，出血；心脏肿大，心肌外表充血、出血，呈现斑块状淤血，心包积液，心内膜出血（图 16－4）；肺脏肿大，有少量出血点，严重者部分肺叶发生实变（图 16－5）；肾脏表面有出血点；气管黏膜充血，气管内有大量黏液；肝脏肿大，边缘钝圆；胆囊肿大，出血，胆汁黏稠、淤积（图 16－6），内壁有结节（图 16－7）；脾脏肿大，质地变硬，有出血状况；胃黏膜出血，表面有结节（图 16－8）；瘤胃、小肠表面弥散性出血（图 16－9）。

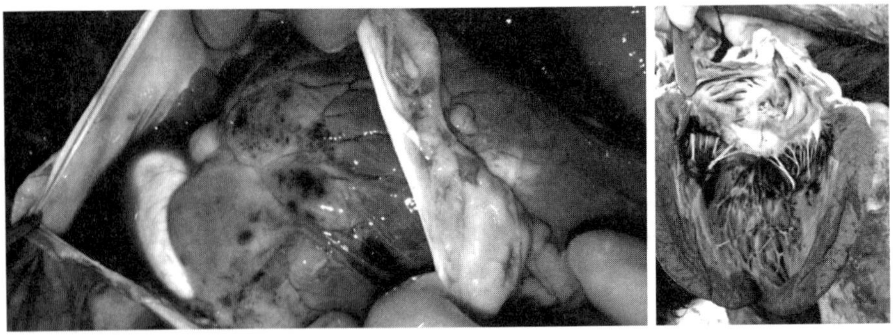

图 16-4　心肌出血，心包积液，心内膜出血

图 16-5　肺部有不同程度的炎症，部分肺叶实变

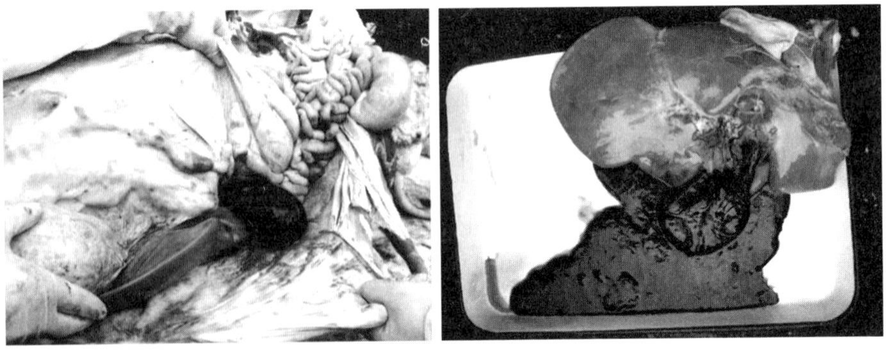

图 16-6　胆囊出血，胆汁淤积

（五）重防制

因该病危害严重，故发现临床病例后不建议治疗，应及时上报并扑杀。

1. 预防　对高风险地区的牛群提前进行疫苗免疫，有效的疫苗免疫可在接种后 28d 产生保护作用。同时对疫区严格控制牛群的调运，并采取隔离和禁牧措施，对易感动物定

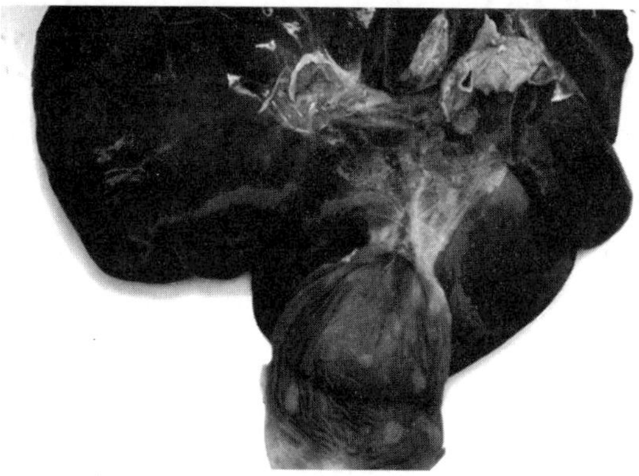

图 16－7　胆囊壁有结节

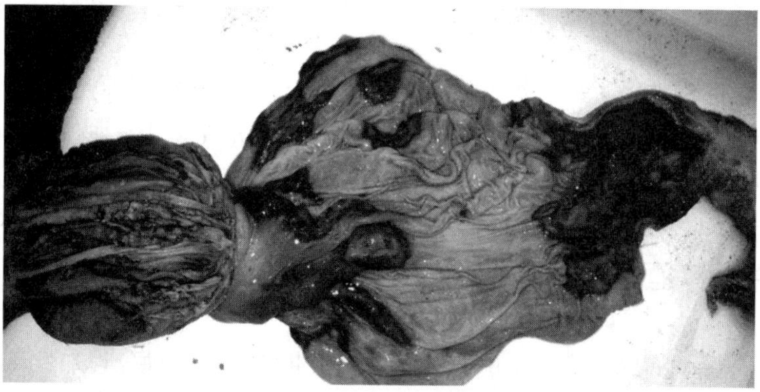

图 16－8　胃黏膜出血、表面有结节

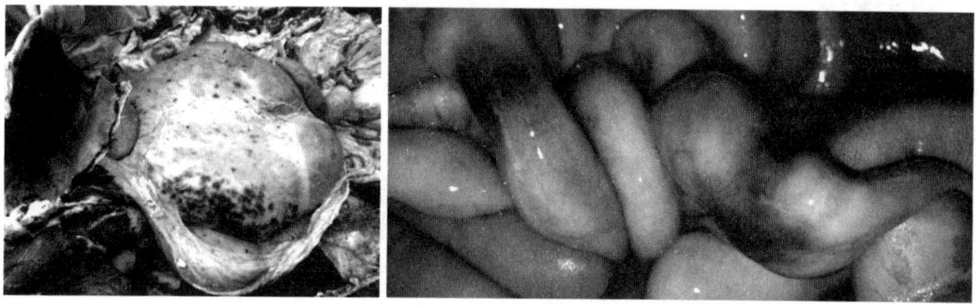

图 16－9　胃肠表面出血

期驱虫，消灭虫媒等防止疾病扩散。目前，牛结节病弱毒疫苗、绵羊痘疫苗已用于牛结节病的预防，可使用相应的疫苗免疫牛群。

2. 控制

（1）控制牛群调运　调运未进行疫苗免疫的牛是疾病传播的主要因素。在该病暴发期间，应严格控制牛的调运，一旦怀疑或确诊该病，必须立即禁止买卖活牛；在游牧和轮牧的地区，应至少在转场前 28d 给牛接种疫苗。出栏牛只能在限定区域内的屠宰场屠宰，避免由运输车辆和虫媒传播病毒。

（2）扑杀及处置　必要时采取全群扑杀政策，患畜尸体要依照国家法规进行深埋或焚烧处置。

（3）人员、设施和环境的清洁消毒　对车辆、牛舍和可能受污染的环境，选用有效的消毒产品进行彻底清洁和消毒，相关人员也应注意清洁及隔离。

（4）虫媒控制　定期或定点杀灭昆虫可减缓病毒机械传播的速度，但不能完全阻止，特别是在放牧牧场中。对于舍饲牛场，应定期清理死水、泥塘和粪污处理池等节肢动物滋生场所，并改善牛场的排水设施。

（5）宣传及科普　应对一线从业者如兽医、养殖人员和技术人员宣传该病的症状及危害，鼓励其在发现疑似病例后尽快上报当地兽医主管部门。

（6）监测　对可疑病例采集血液样本、鼻拭子或皮肤活检进行实验室检测。在已发生疫情的边境地区设立监测牧场，加强一线从业者的培训，如发现疑似病例，尽快进行实验室诊断，做到提前预警。

（7）监管国际和地区贸易　对已发生疫情的国家的活牛及相关产品、皮毛原材料、有风险的产品等进行严格检疫并加强控制，必要时可暂停进口交易。加强高风险地区的活畜交易市场管理，避免疫情传入或扩散。

二、牛气肿疽

气肿疽俗称黑腿病或鸣疽，是由气肿疽梭菌引起的牛的一种急性热性传染病。其特征是突然在肌肉丰满部位发生气性炎性肿胀，患部皮肤发黑，按压有捻发音。

（一）识病原

气肿疽梭菌为两端钝圆的粗大杆菌，周身有鞭毛，能运动，无荚膜，在体内外均可形成中立或近端芽孢，呈纺锤形或汤匙形；属革兰氏阳性厌氧菌。

（二）知规律

该病主要发生于黄牛，2 岁以内者多发。患畜是该病的传染源，主要通过消化道传播。病菌主要存在于病变部位的肌肉、皮下组织及水肿液中，可随破溃后的渗出物排出体外。患牛的排泄物、分泌物，处理不当的尸体，污染的饲料、水源及土壤等会成为持久性传染源。

（三）看症状

患牛体温升高至 41～42℃，食欲和反刍停止。不久在肌肉丰满处发生炎性肿胀，初热痛，后变冷，触诊肿胀部位有捻发音。肿胀部位皮肤干燥而呈暗色或黑色，穿刺有黑色液体流出（图 16－10），内含气泡，发出特殊臭气，肉质黑红而松脆，周围组织水肿，甚至溃烂（图 16－11）。

图 16－10 肿胀部位流出黑色液体

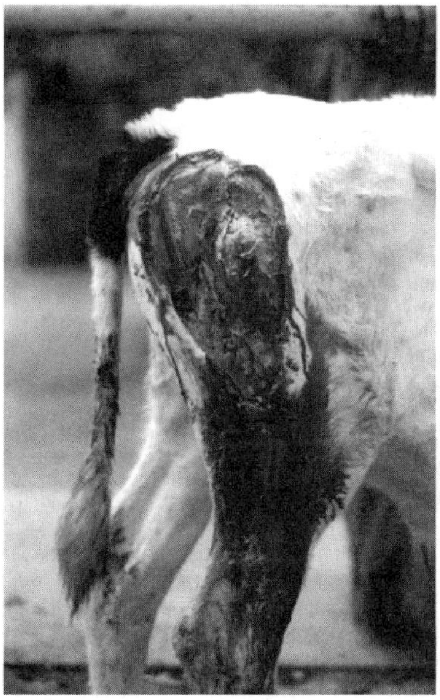

图 16－11 患牛右臀部大面积溃烂

（四）重预防

采用疫苗预防接种仍是控制牛气肿疽病的有效措施。疫区内的牛每年应在春夏两季定期注射气肿疽疫苗，免疫期为半年。

（五）早治疗

早期治疗全身使用抗血清，抗生素具有良好的治疗效果。

【方案 1】应用抗气肿疽血清 150～200mL，早期静脉注射，必要时 12h 后再重复注射 1 次。

【方案 2】应用头孢噻呋钠 2.2mg/kg（以体重计）或恩诺沙星 2.5mg/kg（以体重

计)，分别一次肌内注射。此方案与方案 1 合用效果更好。

【方案 3】应用：①5%葡萄糖注射液 2 000～3 000mL，10%樟脑磺酸钠 10～20mL，维生素 C 2～5g，10%葡萄糖酸钙注射液 100～300mL；②10%磺胺嘧啶钠注射液 100～300mL；③5%碳酸氢钠溶液 500～1 000mL。分别一次静脉注射。此方案与方案 1 和方案 2 合用效果更好。

【方案 4】应用 0.25%～0.5%普鲁卡因溶液 10～30mL，青霉素 80 万～400 万 U，链霉素 50 万～200 万 U，在肿胀部位或创口周围分点注射。同时创口喷蹄泰。

三、牛乳头状瘤

牛乳头状瘤是由牛乳头状瘤病毒引起的一种以皮肤、黏膜形成乳头状瘤为特征的慢性增生性疾病。这种乳头状瘤又称疣，多数为良性。

（一）识病原

牛乳头状瘤病毒属乳头状瘤病毒科、乳头状瘤病毒属的成员。病毒核酸是单分子的环状双股 DNA。

（二）知规律

不同年龄、性别和品种的牛均可发病。但 3 月龄到 2 岁之间的牛易发，肉牛比乳牛发病率高，圈养牛比放牧牛发病率高。患牛是主要传染源，可通过直接接触传播，也可经污染的缰绳、鼻捻子等用具和物品间接传播。

（三）看症状

该病潜伏期 1～4 个月，属自限性疾病，通常经过 1～12 个月自行消退。

乳头状瘤眼观呈球形、椭圆形、结节状、分叶状、绒毛状或花椰菜状，大小、数量不等，为灰白色、黑色、灰棕色，触之坚实。这些乳头状瘤常见于颈、颌、肩、下腹、背、耳、眼睑、唇、包皮、乳房等部位的皮肤及食道、膀胱、阴道等处的黏膜（图 16－12 至图 16－14）。

图 16－12　颈肩部的乳头状瘤

图 16－13　面部的乳头状瘤

（四）早治疗

多数乳头状瘤可自然脱落，因而不需要治疗。为了控制其继续发展，可应用手术切除、烧烙、液氮冷冻等方法处理，然后用碘酊涂布伤部。对较大的乳头状瘤可用细绳由基部绑缚数日后脱落。也可用冰醋酸、氢氧化钾溶液涂布，每天3～4次，连用数天，即可去除。还有方法是取自身疣组织磨碎，以1份瘤组织加9份生理盐水，混合，过滤，4℃保存，牛每次皮下注射1～5mL，每周注射1次，连用3次；也可在瘤组织的甘油食盐水乳剂中加0.4%～0.5%甲醛或0.5%石炭酸灭活病毒，然后皮下注射该水乳剂5～10mL，隔2周重复注射1次，共注射2次，治愈率达87%。

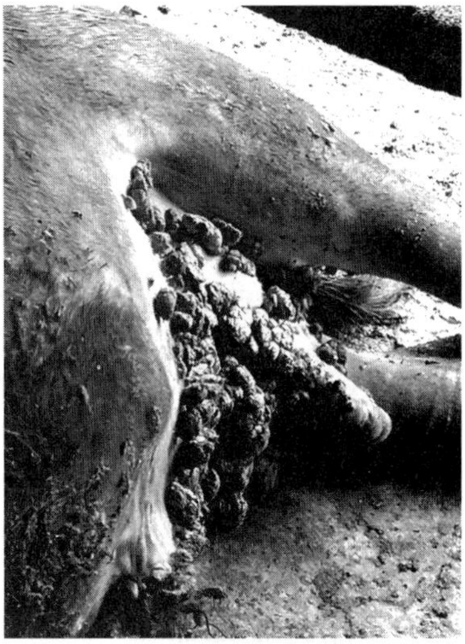

图16-14　乳房部的乳头状瘤

四、羊痘

羊痘（绵羊痘）是各种动物痘病中危害最为严重的一种热性接触性传染病，其特征是在皮肤和黏膜发生特殊的痘疹，可见到典型的斑疹、丘疹、水疱、脓疱和结痂等病理过程。

（一）识病原

该病病原是痘病毒科、山羊痘病毒属的绵羊痘病毒。痘病毒为单一分子的双股DNA。各种动物痘病毒之间不能交叉感染或交叉免疫。

（二）知规律

该病主要经呼吸道感染，也可通过损伤的皮肤或黏膜感染。饲养管理人员、护理用具、皮毛、饲料、垫草和外寄生虫等都可成为传播的媒介。不同品种、性别、年龄的绵羊都有易感性，以细毛羊最为易感，羔羊比成年羊易感。妊娠母羊易引起流产。该病多发生于冬末春初。

（三）看症状

该病的潜伏期平均为6～8d。患羊体温升高至41～42℃，食欲减少，精神不振；结膜潮红，有浆液、黏液或脓性分泌物从鼻孔流出；呼吸和脉搏增速，经1～4d发痘。

痘疹多发生于皮肤无毛或少毛部位（图16-15），如眼周围、唇、鼻、乳房、外生殖器、四肢和尾内侧。痘疹开始为红斑，1～2d后形成丘疹，突出皮肤表面，随后丘疹逐渐扩大，变成灰白色或淡红色、呈半球状的隆起结节。结节在几天内变成水疱，水疱内容物初期像淋巴液，之后转成脓性，如无继发感染则在几天内干燥形成棕色痂块，痂块脱落遗留一个红斑，以后颜色逐渐变淡。

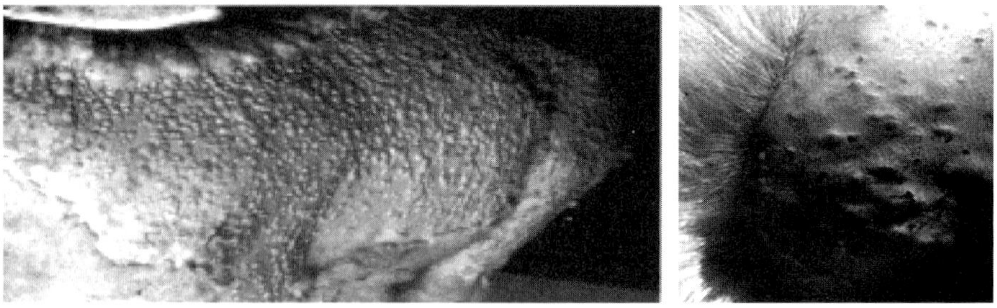

图 16－15　羊皮肤痘疹

（四）观病变

除皮肤病变外，在前胃或真胃黏膜上，往往有大小不等的圆形或半球形坚实的结节，单个或融合存在，有的病例还形成糜烂或溃疡。咽、食道和支气管黏膜、肺脏、肾脏亦常有痘疹（图 16－16）。在肺脏见有干酪样结节和卡他性肺炎区。

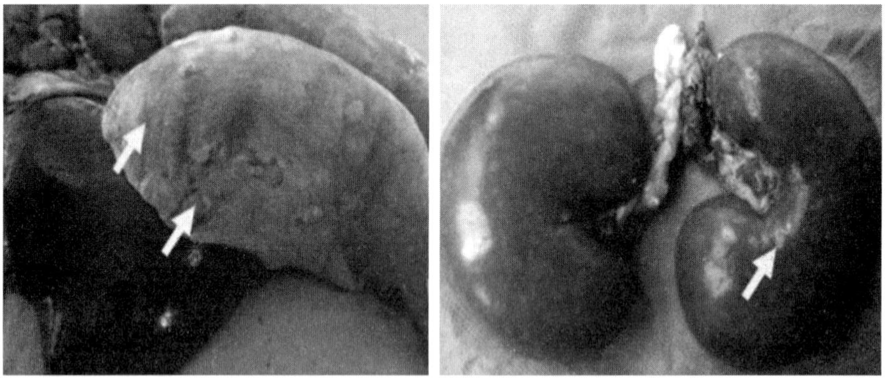

图 16－16　肺脏及肾脏表面的痘疹（引自 Tesgera，等）

（五）重预防

在绵羊痘常发地区的羊群，每年定期用绵羊痘鸡胚化弱毒疫苗预防接种，在尾部或股内侧皮内注射 0.5mL，注射后 4～6d 产生免疫力，免疫期可持续 1 年。

（六）早治疗

痘疹局部可用 0.1％高锰酸钾溶液洗涤，晾干后涂抹龙胆紫或碘甘油；肌内注射康复血清 10～20mL，也可肌内注射双黄连、板蓝根、银黄等抗病毒中药制剂。为了防治继发感染，可使用青霉素、泰乐菌素等抗生素或者磺胺类药物。

五、皮肤真菌病（钱癣）

皮肤真菌病俗称钱癣，是主要由疣状毛（发）癣菌引起的传染病。

（一）知规律

各年龄段的牛均可发病，主要在梅雨季节和夏季放牧期间感染发病较多，其中多数病牛进入收牧期（10—11 月）后自然痊愈。我国北方，冬季舍饲的牛易发病。

（二）看症状

该病以被皮呈圆形脱毛、渗液和痂皮等病变为特征。牛多发生于头部（眼眶、口角、面部）、颈部、肛门和尾根等处。发病部位形成与健康皮肤界线明显的铜钱状结痂性圆形癣斑病灶（图 16－17），起初稍凸出皮肤表面，并呈同心圆状向外扩展，癣斑上有皮屑、脱毛并发痒，之后逐渐形成痂皮。

图 16－17　犊牛感染真菌时体表呈现铜钱状结痂性圆形癣斑

（三）防混淆

若患牛出现铜钱状结痂性圆形癣斑，并具传染性，便可做出初步诊断。该病与疥螨病的区别是：疥螨病患处被毛脱落无固定形状，脱毛处皮肤多皱褶、变厚、弹性下降，用伊维菌素、敌百虫等杀虫剂治疗有效。

（四）重预防

保证供给牛足够的矿物质和维生素，保持圈舍通风干燥，定期消毒。

（五）早治疗

先用3%来苏儿洗痂壳，再用锯条刮掉痂皮，刮至出血为止。然后涂10%碘酊，最后以硫黄软膏或者硫酸铜粉1份、凡士林软膏3份，混合均匀后涂抹在病变部位。

17

第十七章 以生殖道和乳房异常为特征的牛羊疾病

一、子宫脱与阴道脱

子宫脱是指子宫一部分翻转形成套叠或全部翻转脱出于阴门之外，多发生于分娩以后。阴道脱是阴道壁的一部分或全部突出于阴门之外，多发生在妊娠后期，有的病例发生在妊娠中期或产后。

（一）识病因

妊娠期饲养管理不当，饲料单一，缺乏运动，过劳等致使会阴部组织松弛，无力固定子宫或阴道；助产不当、产道干燥时强力而迅速地拉出胎儿、胎衣不下及胎儿脐带粗短等亦可引起发病。此外，瘤胃臌气、瘤胃积食、便秘、腹泻等也能诱发该病。年老和经产母牛易发病。

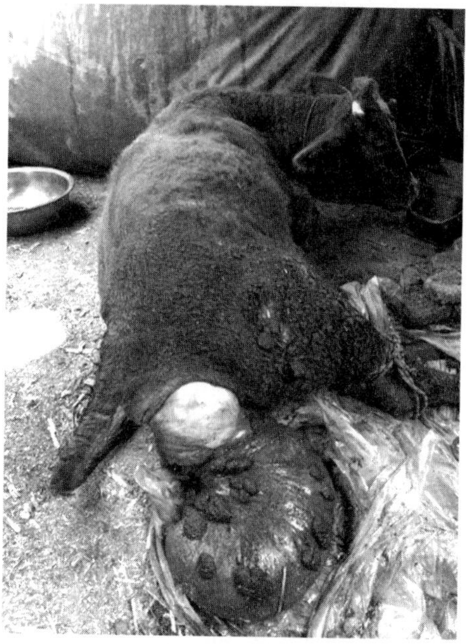

图 17－1　子宫全部脱出

（二）看症状

1. 子宫脱

（1）全部脱出　子宫角、子宫体及子宫颈部外翻于阴门外，下垂至跗关节。脱出的子宫黏膜往往附有部分胎衣和子叶。子宫黏膜初为红色，以后变为紫红色。子宫水肿、增厚，呈肉冻状，表面干裂，流出渗出液（图 17－1）。

（2）部分脱出　子宫角翻至子宫颈或阴道内而发生套叠，仅有不安、努责和类似疝痛症状，通过阴道检查才可发现。

2. 阴道脱

（1）全部脱出　阴道壁翻至阴门外呈球状，

末端可看到子宫颈和黏稠的子宫颈塞。尿道外口往往被压在脱出阴道的底部，尿液可以排出但不畅通。脱出阴道的表面初呈粉红色，时间稍长则干裂、色紫红。

（2）部分脱出　阴道壁部分从阴门中脱出。通过阴道检查才可发现。

（三）早治疗

治疗该病应促进脱出的阴道和子宫复位。

【方案 1】整复法。第一步，用 0.1%高锰酸钾或新洁尔灭彻底清洗脱出子宫表面的污物。第二步，两名助手用干净的纱布或毛巾托住子宫，术者通过阴道缓慢向骨盆腔内送入，直至脱出的子宫全部被送入骨盆腔，术者将手握成拳头尽量将子宫推至腹腔，使形成的皱襞完全展平。当子宫完全复位后，手仍停留在子宫中 15～30min，使血液循环恢复。第三步，向子宫内投入广谱抗生素，子宫损伤出血时应使用止血剂。为防止复发，皮下或肌内注射 100IU 催产素，2h 后重复注射 1 次。患牛饲养在前低后高的牛床上。为增强机体抵抗力，子宫整复后立即进行全身性抗菌消炎、补钙、强心、补液，防止继发其他疾病。为防止子宫再度脱出，最后将阴门缝合固定。

【方案 2】手术切除法。子宫脱出时间太长，无法送回，或者有严重的损伤及坏死，整复后有引起全身感染、导致死亡的危险时，可将脱出的子宫切除，以挽救母牛的生命。

在子宫角的基部作一纵行切口，检查其中有无肠管及膀胱，若有则将它们推回腹腔。仔细触诊，找到两侧子宫阔韧带上的动脉，在其前部进行结扎，粗大的动脉须结扎两道。在结扎的下方横断子宫阔韧带。断端如有出血应结扎止血，断端先作全层连续缝合，再行内翻缝合，最后将缝合好的断端送回阴道内。

术后进行全身性抗菌消炎、补液、强心、止血。

二、难产

孕畜妊娠期满，胎儿不能顺利产下，称为难产。

（一）识病因

1. 产道性难产　母牛发育未全，提早配种，骨盆和产道狭窄，加之胎儿过大，不能顺利产出。

2. 产力性难产　饲养不当、营养不良、运动不足、体质虚弱、老龄或患有全身性疾病的母牛可引起子宫及腹壁收缩微弱和努责无力，胎儿难以产出。

3. 胎位性难产　胎位、胎向不正，羊水破裂过早。

（二）看症状

患畜阵痛，起卧不安，时常弓腰努责，回头看腹，阴门肿胀，从阴门流出红黄色浆液；有时露出部分胎衣，或可见胎儿肢蹄或头，但胎儿长时间不能产下。

（三）早治疗

【方案1】胎儿的胎位和胎向正常，但因母牛体弱、年老，产后子宫收缩无力时，可肌内注射催产素75～100IU。也可以进行人工助产。

【方案2】胎位不正时，术者手臂用药液消毒，并涂润滑剂（如液状石蜡），然后将手伸入产道，检查胎位、产道是否正常及胎儿是否存活，然后再矫正胎位。当羊水流尽，产道干涩时，必须先向子宫内灌入适量的润滑剂，以润滑产道，便于矫正胎位及拉出胎儿，否则易造成子宫脱落或产道损伤。矫正胎位须在子宫内进行，应先将胎儿露出部分推入子宫内，再矫正胎位。向子宫内推胎儿时，须在母畜努责间歇期进行。

【方案3】若胎儿过大而母牛骨盆过小，胎儿不能产出时，采用剖腹产。

三、产后子宫内膜炎

产后子宫内膜炎是子宫内膜的急性炎症，常发生于产后或流产后的数日之内，如不及时治疗，常转为慢性子宫炎症，最终导致母畜长期不孕。

（一）识病因

该病多因分娩时或产后细菌侵入产道而引起。当产后首次发情延迟或子宫复旧延迟而不能排出病菌时，则可能发生子宫炎症。尤其在母牛难产、胎衣不下、子宫脱出、布鲁氏菌感染引起流产等情况下更易导致急性炎症的发生。

（二）看症状

患牛体温稍升高，食欲减少，精神不振，有时拱背、努责，常作排尿姿势。从阴门中排出黏液性或黏液脓性渗出物（图17-2），卧下时排出量较大，常附着于阴门下角及尾根上，干燥后形成痂皮。

图17-2　阴门中排出大量黏液脓性分泌物

（三）早治疗

治疗该病应抗菌消炎，防止感染扩散，促进子宫收缩排出炎性产物。

【方案1】体温升高时，使用抗生素和抗菌药进行全身性治疗，如头孢噻呋钠2.2mg/kg（以体重计）或美洛昔康5mg/kg（以体重计），分别肌内注射。

【方案2】子宫内投放广谱抗生素，如长效

土霉素（20～50mL）等。投药后 12h，肌内注射催产素 100IU。

【方案 3】中药疗法：桃仁 40g，红花 40g，生地 50g，赤芍 50g，当归 50g，川芎 40g，益母草 200g，炮姜 35g，栀子 50g，共为末，白酒 200mL 为药引，开水冲调，候温投服，连服 3 剂。

四、乳腺炎

乳腺炎是母牛乳腺发生的炎症，以乳房红、肿、热、痛为特征，多发生于泌乳期的母牛。

（一）识病因

环境卫生不良，乳房不清洁；挤奶技术不熟练或方法不当；分娩后挤奶不充分，乳汁积存过多；乳房外伤或受冷、热、化学刺激；感冒、口蹄疫、子宫炎等疾病也可引起乳腺炎。

（二）看症状

（1）乳房局部红、肿、热、痛，乳腺变硬，乳房淋巴结肿大，左右乳房不对称（图 17－3）。

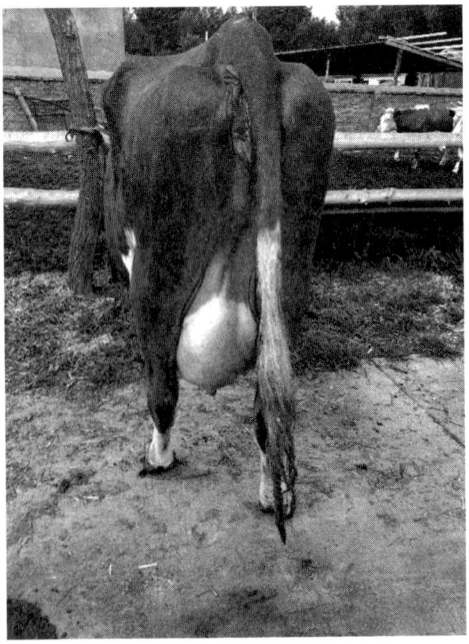

图 17－3　乳房红肿，左右不对称

（2）泌乳减少或停止，乳汁稀薄，乳汁中混有白色絮状或块状凝乳，甚至有血液或脓汁。

(3) 若发生坏疽，则乳房发紫，手摸时感到冰凉。

(4) 严重时出现全身症状，如精神沉郁，体温升高，食欲、反刍减少。

(三) 重预防

(1) 圈舍、运动场要清洁卫生；挤奶前应用温水清洗乳房，挤奶要定时，操作要规范；每次挤奶应将乳汁挤净，避免乳汁积蓄；防止乳房外伤和受不良刺激。

(2) 挤奶后可用消毒药液药浴乳头；干奶时可向乳房中注入干奶乳剂。

(四) 早治疗

【方案 1】挤净乳汁后，将青霉素和链霉素各 50 万～100 万U 溶于 40mL 生理盐水中，或将林可霉素 10mL，用乳导管注入乳头内，然后按住乳头轻轻按摩乳房，每天 1～3 次，连用 3d。出血性乳腺炎禁止按摩。

【方案 2】将青霉素 50 万～100 万U 溶于 0.25%～0.5%的盐酸普鲁卡因溶液（50～200mL）中，分 4 个注射点将药物注射于乳房与腹壁之间，每天 1 次，连用 3d。

【方案 3】蒲公英 60g，金银花 40g，连翘 40g，白芷 30g，木通 40g，路路通 30g，乳香 25g，当归 40g，猪苓 30g，甘草 20g，共为末，开水冲服，每天 1 剂，连用 3～5 剂。

【方案 4】瓜蒌 60g，紫花地丁 40g，蒲公英 60g，乳香 25g，路路通 30g，皂角刺 30g，川芎 25g，王不留行 30g，当归 30g，香附 30g，甘草 30g，共为末，开水冲服，每天 1 剂，连用 3～5 剂。

【方案 5】乳腺炎初期可冷敷，后期应热敷，也可用鱼石脂软膏涂抹患部。体温升高、全身症状明显者，可注射抗菌药物（如青霉素、链霉素、头孢类、恩诺沙星等）或清热解毒的中药针剂（如双黄连、银黄、鱼腥草、板蓝根等）。

附表 1　牛羊常用药物及其用法

	药物	用法（剂量以每千克体重计）
β-内酰胺类	青霉素	1 万～2 万 U（牛），2 万～3 万 U（羊），IM，每天 2～3 次
	氨苄西林钠	10～20mg，IM，IV，每天 2～3 次
	阿莫西林	15mg，IM，SC，每天 2 次
	头孢噻呋	1.1～2.2mg（牛），3～5mg（羊），IM，SC，每天 1 次
	头孢喹肟	2mg，IM，每天 1 次
氨基糖苷类	硫酸链霉素	10～15mg，IM，每天 2 次
	硫酸卡那霉素	10～15mg，IM，每天 2 次
	硫酸庆大霉素	2～4mg，IM，每天 2 次
	硫酸阿米卡星	5～10mg，IM，SC，每天 2～3 次
四环素类	土霉素	10～20mg，IM
	盐酸四环素	5～10mg，IV，每天 2～3 次
	盐酸多西环素	5～10mg，IM，每天 1 次
大环内酯类	酒石酸泰乐菌素	5～13mg，IM，每天 2 次
	替米考星	一次量，10mg，SC
	泰拉霉素	一次量，2.5mg，SC
	加米霉素	一次量，6mg，SC
磺胺类	磺胺嘧啶	50～100mg，IV，每天 2～3 次，首次加倍
	磺胺间甲氧嘧啶	50mg，IV，每天 1～2 次，首次加倍
	磺胺脒	0.1～0.2g，PO，每天 2 次
	磺胺对甲氧嘧啶	15～20mg，IM，每天 1～2 次，首次加倍
喹诺酮类	恩诺沙星	2.5mg，IM，每天 1～2 次
	盐酸环丙沙星	2.5～5.0mg，IM，IV，每天 1～2 次
	乳酸环丙沙星	2.0～2.5mg，IM，IV，每天 2 次
	马波沙星	2mg，IM，每天 1 次
其他抗菌药	氟苯尼考	15～20mg，IM，间隔 48h 注射 1 次
	盐酸林可霉素	10mg，IM，每天 2 次
	乌洛托品	一次量，15～30g（牛），5～10g（羊），IV

（续）

	药物	用法（剂量以每千克体重计）
抗寄生虫药	阿苯达唑	一次量，10～15mg，PO
	左旋咪唑	一次量，7.5mg，PO
	伊维菌素	一次量，0.2mg，SC
	阿维菌素	一次量，0.3mg，PO，SC，也可外用
	吡喹酮	一次量，10～35mg，PO
	莫能菌素	一天量，牛 0.2～0.4g
	盐霉素	牛 10～30g，混入 1t 饲料
中枢兴奋药	樟脑磺酸钠	一次量，1～2g（牛），0.2～1g（羊），SC，IM，IV
	尼可刹米	一次量，2.5～5g（牛），0.25～1g（羊），SC，IM，IV
	安钠咖	一次量，2～5g（牛），0.5～2g（羊），SC，IM，IV
	硝酸士的宁	一次量，15～30（牛），2～4（羊），SC
镇静药	盐酸氯丙嗪	0.5～1.0mg（牛），1～2mg（羊），IM
	赛拉嗪	一次量，0.1～0.3mg，IM
	硫酸镁注射液	一次量，10～25g（牛），2.5～7.5g（羊），IV，IM
解热镇痛抗炎药	阿司匹林	一次量，15～30g（牛），1～3g（羊），PO
	安乃近	一次量，3～10g（牛），1～3g（羊），IM
	美洛昔康	0.5～0.6mg，PO，IV
	水杨酸钠	一次量，10～30g（牛），1～3g（羊），IV
	萘普生	一次量，5～10mg，PO；5mg，IV
	氟尼辛葡甲胺	一次量，2mg，IM，IV
拟胆碱药	氨甲酰甲胆碱	一次量，1～2mg（牛），0.25～0.5mg（羊），SC
	甲硫酸新斯的明	一次量，4～20mg（牛），2～5mg（羊），SC，IM
健胃药	龙胆酊	一次量，50～100mL（牛），5～10mL（羊），PO
	大黄酊	一次量，30～100mL（牛），5～20mL（羊），PO
	姜酊	一次量，40～60mL（牛），15～30mL（羊），PO
	碳酸氢钠	一次量，30～100g（牛），5～10g（羊），PO
助消化药	稀盐酸	一次量，15～30mL（牛），2～5mL（羊），PO
	干酵母	一次量，120～150g（牛），30～60g（羊），PO
	乳酶生	一次量，10～30g（牛），2～4g（羊），PO
	胃蛋白酶	一次量，4 000～8 000U（牛），800～1 600U（羊），PO
制酵消沫药	鱼石脂	一次量，10～30g（牛），1～5g（羊），PO
	甲醛溶液	一次量，8～25mL（牛），1～3mL（羊），PO
	松节油	一次量，20～60mL（牛），3～10mL（羊），PO
	二甲硅油	一次量，3～5g（牛），1～2g（羊），PO

（续）

	药物	用法（剂量以每千克体重计）
泻下药	硫酸钠	一次量，200～500g（牛），20～50g（羊），PO
	硫酸镁	一次量，300～800g（牛），50～100g（羊），PO
	液状石蜡	一次量，500～1 500mL（牛），100～300mL（羊），PO
祛痰镇咳药	氯化铵	一次量，10～25g（牛），2～5g（羊），PO
	碘化钾	一次量，5～10g（牛），1～3g（羊），PO
	酒石酸锑钾	一次量，0.5～3.0g（牛），0.2～0.5g（羊），PO，每天2～3次
	盐酸可待因	一次量，0.2～2g（牛），0.1～0.5g（羊），PO
止血药	安络血	一次量，5～20mL（牛），2～4mL（羊），IM
	维生素 K_1	1mg，IM，IV
	酚磺乙胺	一次量，1.25～2.5g（牛），0.25～0.5g（羊），IM，IV
输液剂	0.9%氯化钠或复方氯化钠	一次量，1 000～3 000mL（牛），250～500mL（羊），IV
	葡萄糖注射液或葡萄糖氯化钠注射液	一次量，1 000～3 000mL（牛），250～500mL（羊），IV
	氯化钾注射液	一次量，2～5g（牛），0.5～1.0g（羊），IV
	氯化钙注射液	一次量，5～15g（牛），1～5g（羊），IV
	葡萄糖酸钙注射液	一次量，20～60g（牛），5～15g（羊），IV
	碳酸氢钠溶液	一次量，15～30g（牛），2～6g（羊），IV
	乳酸钠注射液	一次量，200～400mL（牛），40～60mL（羊），IV
	10%氯化钠注射液	一次量，0.1g，IV
糖皮质激素	地塞米松	一天量，5～20mg（牛），4～12mg（羊），IM，IV
	醋酸可的松	一次量，250～750mg（牛），12.5～25mg（羊），IM
	醋酸泼尼松	一次量，100～300mg（牛），10～20mg（羊），PO
作用于生殖系统的药物	缩宫素	一次量，30～100U（牛），10～50U（羊），SC，IM
	苯甲酸雌二醇	一次量，5～20mg（牛），1～3mg（羊），IM
	黄体酮	一次量，50～100mg（牛），15～25mg（羊），IM
	甲基前列腺素 F_{2a}	一次量，2～4mg（牛），1～2mg（羊），IM
维生素	复合维生素B	一次量，10～20mL（牛），2～6mL（羊），IM
	维生素C	一次量，2～4g（牛），0.2～0.5g（羊），IM，IV
	维生素 B_1	一次量，100～500mg（牛），25～50mg（羊），PO，SC，IM
	维生素 B_{12}	一次量，1～2mg（牛），0.3～0.4mg（羊），IM
	维生素 D_3	一次量，1 500～3 000U，IM
	维生素E	一次量，0.5～1.5g（犊牛），0.1～0.5g（羔羊），PO，IM
	维生素AD	一次量，5～10mL（牛），2～4mL（羊），IM

注：IV，静脉注射；IM，肌内注射；PO，口服；SC，皮下注射。

附表 2　牛参考免疫程序

疫苗名称	免疫时间	用法
口蹄疫O型-亚洲Ⅰ型二价灭活疫苗或口蹄疫O型、亚洲Ⅰ型、A型三价灭活疫苗	90日龄左右首免，间隔1个月后二免，以后每隔4～6个月免疫1次	参照使用说明书
视疫病流行和免疫监测情况确定以下疫苗的接种		
牛流行热灭活疫苗	3月龄首免，间隔21d二免，二免后再间隔21d三免	颈部皮下注射，成年牛4mL，犊牛3mL
气肿疽灭活疫苗	犊牛至6月龄时，应注射1次，成年牛每年春秋季各注射1次	皮下注射5mL
布鲁氏菌病活疫苗（A19株、S2株）	3～8月龄免疫1次即可	活菌500亿个，口服免疫，亦可肌内注射、皮下注射
无毒炭疽芽孢疫苗或Ⅱ号炭疽芽孢疫苗	3～4月龄犊牛10月进行免疫；1岁以上的牛于次年的3—4月补免	（无毒）皮下注射，0.5～1mL。（Ⅱ号炭疽芽孢疫苗）皮下注射1mL
牛多杀性巴氏杆菌灭活疫苗	成年牛每年一次	皮下或肌内注射，每头牛4～6mL
牛副伤寒灭活疫苗	（疫区）犊牛2～10日龄免疫；孕牛产前45～60d免疫，所产犊牛30～45d再免疫1次	肌内注射，每头牛1～2mL

附表3 羊参考免疫程序

疫苗名称	疫病种类	免疫时间	免疫剂量	注射部位	适用阶段
羔羊痢疾氢氧化铝菌苗	羔羊痢疾	妊娠母羊分娩前20～30d和10～20d时各注射1次	用量分别为每2mL/只和3mL/只	分别在两后腿内侧皮下注射	羔羊通过吃奶获得被动免疫，免疫期5个月
羊三联四防疫苗	羊快疫、羊猝狙、羊肠毒血症、羔羊痢疾	每年2月底（或3月初）和9月下旬分2次接种	按照说明书注射	皮下或肌内注射	不论羊年龄大小，免疫期6个月
羊痘弱毒疫苗	羊痘	每年3—4月	0.5～1.0mL	皮下注射	不论羊年龄大小
羊布鲁氏菌病活疫苗(S2株)	布鲁氏病菌	春季	按照说明书注射（一般注射1mL）	臀部肌内注射、口服	除3个月内羔羊、病羊、孕羊外，其他羊均可免疫，免疫期为1年
羔羊大肠杆菌疫苗	羔羊大肠杆菌病	春季	0.5～1mL	皮下注射	3月龄以下
			2mL		3月龄以上
羊口蹄疫疫苗	羊口蹄疫	每天3月和9月	1mL	皮下注射	4月龄至2岁
			2mL		2岁以上
口疮弱毒细胞冻干疫苗	山羊口疮	每年3月和9月	0.2mL	口腔黏膜内注射	不论羊年龄大小
			0.5mL	颈部或股内侧皮下注射	
山羊传染性胸膜肺炎氢氧化铝菌苗	山羊传染性胸膜肺炎	春季	3mL	皮下或肌内注射	6月龄以下
			5mL		6月龄以上
羊链球菌氢氧化铝菌苗	山羊链球菌病	每年3月和9月	3mL	羊背部皮下注射	6月龄以下
			5mL		6月龄以上
小反刍兽疫弱毒疫苗	小反刍兽疫	春季	生理盐水稀释后每头份1mL	颈部皮下注射	1月龄以上

参　考　文　献

陈伟稷，2021. 通过调整卵泡募集改善绵羊同期发情效果的研究［D］. 泰安：山东农业大学.

高峰，李心海，王岩，2021. 不同处理方法对湖羊同期发情效果的影响［J］. 山东畜牧兽医，42（7）：6-9.

胡宇，2019. 绵羊精液低温保存与冻精腹腔镜输精效果的研究［D］. 晋中：山西农业大学.

申子平，董载勇，2010. 不同处理方法对山羊同期发情繁殖效果对比观察［J］. 中国兽医杂志（12）：44-45.

张旭刚，2016. 二次注射 PG 法绵羊同期发情效果分析［J］. 当代畜牧（12）：32-33.

张忠诚，2004. 家畜繁殖［M］. 北京：中国农业出版社.

赵霞，马跃军，李玉荣，等，2021. 羊同期发情腹腔镜输精最佳时间的研究［J］. 畜牧与饲料科学，42（4）：46-48.

图书在版编目（CIP）数据

牛羊健康养殖与疾病防治 / 雍康，彭津津主编. 北京 ：中国农业出版社，2024. 10. --（乡村振兴实用技术培训教材）. -- ISBN 978-7-109-32620-0

Ⅰ. S823；S826；S858.2

中国国家版本馆 CIP 数据核字第 20248Q5G56 号

牛羊健康养殖与疾病防治

NIUYANG JIANKANG YANGZHI YU JIBING FANGZHI

中国农业出版社出版

地址：北京市朝阳区麦子店街 18 号楼

邮编：100125

责任编辑：王森鹤

版式设计：杨　婧　　责任校对：吴丽婷

印刷：中农印务有限公司

版次：2024 年 10 月第 1 版

印次：2024 年 10 月北京第 1 次印刷

发行：新华书店北京发行所

开本：787mm×1092mm　1/16

印张：13

字数：290 千字

定价：68.00 元
